高等职业教育"十三五"规划教材（网络工程课程群）

办公自动化 2010 项目化教程

主　编　邓　荣　唐　林
副主编　李青野　段　萍　任　亮
主　审　李建华

中国水利水电出版社
www.waterpub.com.cn

内 容 提 要

　　Office 2010是实现办公自动化的重要工具软件，本书共分3个项目13个学习任务，以真实项目为主线，将Office办公软件的操作技巧用于日常办公的文件处理中。主要培养学生具有文档排版、长文档编辑、电子表格制作及计算、幻灯片制作的职业能力，让读者能熟练处理文档，迅速适应企业要求。

　　通过对本书的学习，读者能够对办公自动化知识有一个比较系统的了解，掌握Office 2010操作技巧，通过任务描述帮助读者了解学习每一个任务后可以完成的任务，通过相关知识帮助读者掌握与该任务相关的应用知识，通过任务实施和能力拓展帮助读者通过实践来巩固办公软件的应用知识。

　　本书内容丰富、结构合理，可作为普通高等院校和高等职业技术学校计算机基础课程的教材，也可供从事各行业的计算机初学者和自学者作为参考，同时也可作为Office 2010应用培训的教材。

　　本书配有电子教案及综合练习题，作为学习本书的必要补充内容，读者可以从中国水利水电出版社以及万水书苑免费下载，网址为：http://www.waterpub.com.cn/softdown/或http://www.wsbookshow.com。

图书在版编目（CIP）数据

　　办公自动化2010项目化教程 / 邓荣，唐林主编. --
北京：中国水利水电出版社，2015.8（2021.9重印）
　　高等职业教育"十三五"规划教材. 网络工程课程群
　　ISBN 978-7-5170-3505-3

　　Ⅰ．①办… Ⅱ．①邓… ②唐… Ⅲ．①办公自动化－
应用软件－高等职业教育－教材 Ⅳ．①TP317.1

　　中国版本图书馆CIP数据核字(2015)第185985号

策划编辑：祝智敏　责任编辑：杨元泓　加工编辑：夏雪丽　封面设计：梁　燕

书　　名	高等职业教育"十三五"规划教材（网络工程课程群） 办公自动化 2010 项目化教程
作　　者	主　编　邓　荣　唐　林 副主编　李青野　段　萍　任　亮
出版发行	中国水利水电出版社 （北京市海淀区玉渊潭南路 1 号 D 座　100038） 网　址：www.waterpub.com.cn E-mail：mchannel@263.net（万水） 　　　　sales@waterpub.com.cn 电　话：（010）68367658（发行部）、82562819（万水）
经　　售	北京科水图书销售中心（零售） 电　话：（010）88383994、63202643、68545874 全国各地新华书店和相关出版物销售网点
排　　版	北京万水电子信息有限公司
印　　刷	北京建宏印刷有限公司
规　　格	185mm×260mm　16 开本　18 印张　399 千字
版　　次	2015 年 8 月第 1 版　2021 年 9 月第 4 次印刷
印　　数	8001—8500 册
定　　价	43.00 元

凡购买我社图书，如有缺页、倒页、脱页的，本社发行部负责调换

版权所有·侵权必究

丛书编委会

主　任：杨智勇　李建华

副主任：王璐烽　武春岭　乐明于　任德齐　邓　荣
　　　　黎红星　胡方霞

委　员：

万　青　王　敏　邓长春　冉　婧　刘　宇

刘　均　刘海舒　刘　通　杨　埙　杨　娟

杨　毅　吴伯柱　吴　迪　张　坤　罗元成

罗荣志　罗　勇　罗脂刚　周　桐　单光庆

施泽全　宣翠仙　唐礼飞　唐　宏　唐　林

唐继勇　陶洪建　麻　灵　童　杰　曾　鹏

谢先伟　谢雪晴

序 言

随着《国务院关于积极推进"互联网+"行动的指导意见》的发布，标志着中国正全速开启通往"互联网+"时代的大门，我国在全功能接入国际互联网20年后达到全球领先水平。目前，中国93.5%的行政村开通宽带，网民数超过6.5亿，一批互联网和通信设备制造企业进入国际第一阵营。互联网在中国的发展，分别"+"出了网购、电商，"+"出了O2O（线上线下联动），也"+"出了OTT（微信等顶端业务），而2015年则进入"互联网+"时代，开启了融合创新。纵观全球，德国通过"工业4.0战略"让制造业再升级，美国以"产业互联网"让互联网技术优势带动产业提升。如今在中国，信息化和工业化深度融合尤其使"互联网+"被寄予厚望。

"互联网+"时代的到来，使网络技术成为信息社会发展的推动力。社会发展日新月异，新知识、新标准层出不穷，不断挑战着学校专业教学的科学性。这给当前网络专业技术人才培养提出极大的挑战，新教材的编写和新技术的更新也显得日益迫切。教育只有顺应这一时代的需求持续不断地进行革命性的创造变化，才能走向新的境界。

在这样的背景下，中国水利水电出版社和重庆工程职业技术学院、重庆电子工程职业学院、城市管理职业学院、重庆工业职业技术学院、重庆信息技术职业学院、重庆工商职业学院、浙江金华职业技术学院、中兴通讯股份有限公司、星网锐捷网络有限公司、杭州华三通信技术有限公司等示范高职院校、网络产品和方案提供商联合，一起组织来自企业的专业工程师、部分院校一线教师，协同规划和开发了本系列教材。全系以网络工程实用技术为脉络，依托来自企业多年积累的工程项目案例，将目前行业发展中最实用、最新的网络专业技术汇集进入专业方案和课程方案，编写入专业教材，传递到教学一线，以期为各高职院校的网络专业教学提供更多的参考与借鉴。

一、整体规划全面系统 紧贴技术发展和应用要求

本系列课程的规划和内容的选择都与传统的网络专业教材有很大的区别，选编知识具有体系化、全面化的特征，能体现和代表当前最新的网络技术发展方向。为帮助读者建立直观的网络印象，书中引入来自企业真实网络工程项目，让读者身临其境地了解发生在真实网络工程项目中的场景，了解对应的工程施工中需要的技术，学习关键网络技术应用对应的技术细节，对传统课程体系实施改革。真正做到了强化实际应用，全面系统培养人才，以尽快适应企业工作需求为教学指导思想。

二、鼓励工程项目形式教学 知识领域和工程思想同步培养

倡导以工程项目的形式开展，按项目、分小组、以团队方式组织实施；倡导各团队成员之间组织技术交流和沟通，共同解决本组工程方案的技术问题，查询相关技术资料，组织小组撰写项目方案等工程资料。把企业的工程项目引入到课堂教学中，针对工程中实际技能组织教学，重组理论与实践教学内容，让学生在掌握理论体系的同

时，能熟悉网络工程实施中实际的工作技能，缩短学生未来在企业工作岗位上的适应时间。

三、同步开发教学资源 及时有效更新项目资源

为保证本系列课程在学校的有效实施，丛书编委会还专门投入了巨大的人力和物力，为系列课程开发了相应的、专门的教学资源，以有效支撑专业教学实施过程中备课授课以及项目资源的更新、疑难问题的解决，详细内容可以访问中国水利水电出版社万水分社的网站，以获得更多的资源支持。

四、培养"互联网+"时代软技能 服务现代职教体系建设

互联网像点石成金的魔杖一般，不管"加"上什么，都会发生神奇的变化。互联网与教育的深度拥抱带来了教育技术的革新，引起了教育观念、教学方式、人才培养等方面的深刻变化。正是在这样的机遇与挑战面前，教育在尽量保持知识先进性的同时，更要注重培养人的"软技能"，如沟通能力、学习能力、执行力、团队精神和领导力等。为此，本系列课程规划过程中，一方面注重诠释技术，一方面融入了"工程""项目""实施"和"协作"等环节，把需要掌握的技术元素和工程软技能一并考虑进来，以期达到综合素质培养的目标。

本系列教材的推出是出版社、院校教师和企业联合策划开发的成果，希望能吸收各方面的经验，积众所长，保证规划课程的科学性。配合专业改革、专业建设的开展，丛书主创人员先后数次组织研讨会开展交流、组织修订以保证专业建设和课程建设具有科学的指向性。来自中兴通讯股份有限公司、星网锐捷网络有限公司、杭州华三通信技术有限公司的众多专业工程师和产品经理罗荣志、罗脂刚、杨毅等为全书提供了技术审核和工程项目方案的支持，并承担全书技术资料的整理和企业工程项目的审阅工作。重庆工程职业技术学院的杨智勇、李建华，重庆工业职业技术学院的王璐烽，重庆电子工程职业学院的武春岭、唐继勇，重庆城市管理职业学院的乐明于、罗勇，重庆工商职业学院的胡方霞，重庆信息技术职业学院的曾鹏，浙江金华职业技术学院的宣翠仙等都在全书成稿过程中给予了悉心指导及大力支持，在此一并表示衷心感谢！

本系列丛书的规划、编写与出版过程历经三年的时间，在技术、文字和应用方面历经多次的修订，但考虑到前沿技术、新增内容较多，加之作者文字水平有限，错漏之处在所难免，敬请广大读者指正。

丛书编委会

前　言

办公自动化是计算机应用的一个重要领域，它是一个综合性的应用软件，具有涉及范围广、包含内容多、理论和方法繁杂、技术更新快等特点。Office 系列软件是在实际办公中用得最多的办公软件。本书将针对计算机专业或者非计算机专业应用人员，采用基于工作过程的项目驱动方法介绍 Office 2010 的基本操作和深入的应用知识。

1. 本书特点

本书注重易学性和实用性，符合职业教育培养应用型人才的要求，注重任务实施和操作技能的训练，主要具有以下特点：

（1）内容较新。介绍了最新的办公软件 Office 2010，使得学校教学和社会应用紧密结合。

（2）真实项目。每个项目都是一线教师总结多年办公和教学经验，精心设计的一个个典型的信息处理的"任务"，让学生在真实项目的驱动下，展开教学活动，引导学生由简到繁、由易到难、循序渐进地完成一系列"案例"，从而得到清晰的思路、方法和知识的脉络，在完成"任务"的过程中，培养分析问题、解决问题以及用计算机处理信息的能力。

（3）详略得当。不求面面俱到，只讲述实际应用当中比较普遍的功能，避免重复讲述不同软件的类似功能。

（4）配套资源丰富。为适应多媒体教学的需要，本书编者精心制作了课件和每个项目的任务，提供完成任务所需的素材；并根据高职院校教学需求，结合"CEAC 办公信息化应用专家"认证考试真题，在出版社网站提供 Office 2010 综合练习题电子版，通过实训提高学生的计算机应用能力。相关习题请到中国水利水电出版社及万水书苑网站下载，网址为：http://www.waterpub.com.cn/softdown/ 或 http://www.wsbookshow.com。

2. 作者队伍

本书由邓荣、唐林任主编，负责全书的统稿、修改、定稿工作，李青野、段萍、任亮任副主编。主要编写人员分工如下：邓荣、段萍编写了项目一，唐林、任亮编写了项目二，李青野编写了项目三。参与本书编写工作的还有：陈顺立、张丽蘋、周磊、江希、杨智勇、张坤、李俭霞、郑小蓉、谢先伟、孙小恒、邵明伟、邵亮、游祖会等。感谢李建华教授、陈光海教授、何同林教授对本书提出了非常宝贵的意见，感谢中国水利水电出版社的领导及相关编辑对本书的出版给予的大力支持。

3. 本书适用对象

本书主要针对高职计算机专业一年级新生编写，也适用于从事各个行业的计算机初学者和自学者。本书全面介绍 Office 2010 主要组件的应用知识和应用，真正做到了理论与实践相结合，也可作为 Office 2010 应用培训的教材。

由于时间仓促，水平有限，疏漏之处在所难免，敬请读者朋友批评指正。

编者

2015 年 7 月

C 目录
ONTENTS

项目 3 PowerPoint 2010 的应用

项目 **1**
Word 2010 的应用

【项目导读】   本章将介绍 Microsoft Office 2010 中的文字处理软件 Word 2010 的基本操作和使用技巧。主要内容包括文档文字的输入、编辑、排版，使用艺术字、剪贴画、图片、文本框等进行图文混排，制作表格，文档的分栏、分页、页眉和页脚的设置、项目符号的设置、长文档编辑，以及邮件合并等。

【教学目标】

- ✓ 掌握 Word 2010 的启动、退出和窗口组成等基本知识。
- ✓ 掌握 Word 2010 的文字输入、编辑等基本操作。
- ✓ 掌握 Word 2010 文档的字符格式、段落格式和页面设置格式的基本操作。
- ✓ 掌握在文档中插入及编辑艺术字、剪贴画、图片、文本框、项目符号等。
- ✓ 掌握表格的制作和简单计算。
- ✓ 掌握 Word 2010 文档的分页、分栏、页眉和页脚等长文档编辑。
- ✓ 掌握 Word 2010 文档的打印设置。

任务 1.1　创建文档——简单公文的制作

Word 2010 是 Microsoft 公司开发的 Office 2010 办公组件之一，主要用于文字处理工作。Microsoft Word 2010 提供了世界上最出色的文档编辑功能，Word 2010 提供了各种文档格式设置工具，利用它可以更轻松、高效地组织和编写文档，其增强后的功能可创建专业水准的文档。

【任务描述】

小江是信息工程学院学生干事，信息工程学院学生科准备召开信息工程学院年度表彰大会，学生科要给各班发会议通知，如图 1.1.1 所示。

本次任务需熟悉文字和符号的录入，设置字体、段落简单格式。

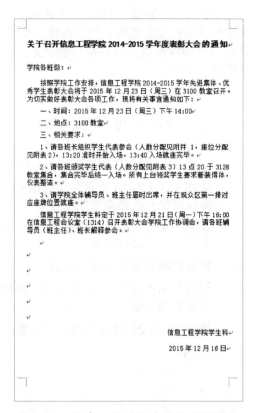

图 1.1.1　信息工程学院表彰大会的通知

🔗 【相关知识】

1.1.1　Word 2010 启动和退出

1. 启动 Word 2010

启动 Word 2010 程序有以下 3 种方法。

方法 1：　"开始"→"所有程序"→"Microsoft Office"→"Microsoft Word 2010"

图 1.1.2　"开始"菜单启动 Word 2010

方法 2：从将鼠标指针指向桌面上的 Word 快捷图标，双击鼠标左键，即可启动 Word 软件。如果桌面上没有 Word 图标。用户可以自己新建该图标，如图 1.1.2 所示。

方法 3：双击某个已存在的 Microsoft Word 2010 文档的图标。

2. Word 的退出

编辑结束后，要关闭 Microsoft Word 2010 程序，必须按照正确的方法正常退出，否则正在编辑的文档数据会丢失或被破坏。退出 Word 应用程序常用方法有以下几种。

方法 1：用鼠标单击 Word 主窗口右上角的"关闭"按钮。

方法 2：从"文件"中选"退出"菜单命令。

方法 3：选择窗口控制菜单里的"退出"命令。

方法 4：用快捷键【Alt+F4】。

如果窗口中的文档内容已经存盘，则系统立即关闭；如果还没有存盘，这时系统弹出对话框，提醒用户进一步处理。

1.1.2　Word 2010 工作界面

Microsoft Office 2010 用户界面进行了更新，通过这一用户界面，用户拥有简洁而整齐有序的工作区，它最大限度地减小了干扰，使用户能够更加快速轻松地获得所需结果，能够更加轻松地使用 Microsoft Office 应用程序，从而更快地获得更好的结果。

在以往的 Microsoft Office 应用程序版本中，人们使用由菜单、工具栏、任务窗格和对话框组成的系统来完成工作。这样的系统比较适合应用程序中命令数量有限的情况。而现在程序执行如此多的操作，因此这些菜单和工具栏已不再适用。对用户而言，许多程序功能都很难找到。因此，Office 2010 用户界面是一种面向结果的界面，用户能更加容易地使用 Microsoft Office 2010 应用程序以产生好的结果。

1．功能区

在 Office Fluent 用户界面中，传统的菜单和工具栏已被功能区所取代，功能区是一种将组织后的命令呈现在一组选项卡中的设计。功能区有四个基本组件，如图 1.1.3 所示。

1—选项卡；2—组；3—命令；4—对话框启动器

图 1.1.3　功能区

（1）选项卡。在顶部有七个基本选项卡。每个选项卡代表一个活动区域。

（2）组。每个选项卡都包含若干个组，这些组将相关项显示在一起。

（3）命令。命令是指按钮、用于输入信息的框或者菜单。

（4）对话框启动器。点击对话框启动器会弹出相关对话框。

选项卡上的任何项都是根据用户活动慎重选择的。例如，"开始"选项卡包含最常用的所有项，如"字体"组中用于更改文本字体的命令："字体""字号""加粗""倾斜"等。

2．快速访问工具栏

快速访问工具栏是一个可自定义的工具栏，它包含一组独立于当前所显示选项卡的命令，位于"文件"选项卡上方（默认位置），如图 1.1.4 所示。

图 1.1.4　快速访问工具栏

（1）快速访问工具栏

如果不希望快速访问工具栏在其当前位置显示，可以将其移到其他位置。如果发现"文件"选项卡上方的默认位置距离工作区太远而不方便，可以将其移到靠近工作区的位置。如果该位置处于功能区下方，则会超出工作区。因此，如果要最大化工作区，可能需要将快速访问工具栏保留在其默认位置。

方法：单击"自定义快速访问工具栏"列表选项，在列表中，单击"在功能区下方显示"。

（2）自定义快速访问工具栏

快速访问工具栏上的命令选项是可以添加和删除的，方法如下：

单击"自定义快速访问工具栏"，如图 1.1.5 所示。在弹出的列表中单击选中需要显示在快速访问工具栏中的命令，该命令前面就会出现一个勾，同时这个命令就会出现在快速访问工具栏上。如果不需要该命令出现在快速访问工具栏，只需要单击取消命令前的勾。

图 1.1.5　快速访问工具栏

3. 上下文选项卡

功能区旨在帮助用户快速找到完成某一任务所需的命令。命令被组织在逻辑组中，逻辑组集中在选项卡下。每个选项卡都与一种类型的活动（例如为页面编写内容或设计布局）相关。为了减少混乱，某些选项卡只在需要时才显示，这就是上下文选项卡，如图 1.1.6 所示。例如，只有在用户要着手修改图片时，单击图片即会出现一个上下文选项卡，其中包含用于编辑图片的命令。上下文选项卡仅在需要时才出现，通过这些选项卡，用户可以更容易地查找和使用所需命令，从而轻松自如地执行操作。

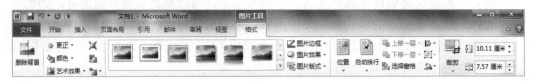

图 1.1.6 上下文选项卡

4. 库

库是重新设计的用户界面的核心。库提供了一组清晰明确的结果，可供用户在处理文档、电子表格、演示文稿或 Access 数据库时进行挑选。通过呈现一组简单的可能结果，而不是带有众多选项的复杂对话框，库简化了制作专业外观作品的过程，如图 1.1.7 所示。同时，对于那些希望在更大程度上控制操作结果的用户而言，他们仍然可以使用传统的对话框界面。

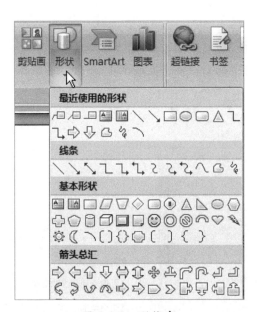

图 1.1.7 形状库

5. 实时预览

实时预览是一项新的技术，当用户在库呈现的结果上移动指针时，应用编辑或格式更改的结果便会显现出来。这种新的动态功能简化了布局、编辑和格式设置过程，用户只需花一点点时间和精力便能获得非常好的效果。

1.1.3　创建和打开文档

1.　新建空白文档

新建空白文档是用户使用 Word 2010 编写文稿的第一步。中文版 Word 2010 为用户提供了多种文档类型，例如空白文档、新建博客文章、书法字帖等。

用户每次通过"开始"菜单或使用快捷方式打开 Word 2010 时，程序就会自动创建一个空白文档，直接在其中编辑内容即可。在这个基础上再创建空白文档的方法主要有以下 3 种。

方法1：单击"文件"→"新建"→"可用模板"，此时在工作区的右边区域会弹出"空白文档"，单击"创建"按钮即可。

方法2：单击快速访问工具栏中的"新建文档"按钮。

方法3：利用快捷键【Ctrl+N】。

2.　打开文档

单击"文件"→"打开"，在"打开"对话框中，单击要打开的文件类型，单击选择文件，再单击"打开"按钮即可。

注意

如果用户在 Microsoft Word 2010 中打开由 Microsoft Word 2003、Word 2002 或 Word 2000 创建的文档，则会开启"兼容模式"，而且在文档窗口的标题栏中可看到"兼容模式"。"兼容模式"可确保用户在处理文档时，不能使用 Word 2010 中新增或增强的功能，以便使用 Word 早期版本的用户能拥有完全的编辑功能。

1.1.4　文档的保存

保存文档是指将编辑好的文件作为一个磁盘文件存储起来，以便日后查阅与修改。文档的保存分为以下几种情况。

1.　文档的初次保存

Word 2010 虽然为新建的文档赋予了"文档 1""文档 2"等名称，但是并没有为此文档分配具体的磁盘空间，因此用户需要保存新文档并为其指定名称。

具体的操作步骤如下：

（1）单击"文件"选项卡，在弹出的菜单中选择"保存"菜单项，或直接单击标题栏中的"保存"按钮，弹出如图 1.1.8 所示的"另存为"对话框。

（2）在弹出的对话框左侧，选择文档保存的路径，再在中间选项列表中选择保存文档的地址。然后在"文件名"文本框中输入保存文档的名称。此时若单击"保存"按钮，系统就会把当前文档保存为以 *.docx 为扩展名的 Word 文档。

（3）单击"保存类型"下拉列表框，从中可以选择保存文档的类型。

图 1.1.8   "另存为"对话框

2. 已有文档的保存

文档进行修改后，若想将改动保存在原有的文档中，则可以单击"文件"→"保存"，将改动直接保存在原有文档中。或者直接单击自定义快速访问工具栏中的"保存"按钮，或者按下【Ctrl+S】快捷键对其进行保存。

若不想将改动直接保存在原有文档中，则可单击"文件"→"另保存"菜单项，打开"另存为"对话框，选择"Word 文档"，在"保存位置"指定保存路径，在"文件名"文本框中为该文档起一个新的名字，然后单击"保存"按钮。

3. 以 Word 97–2003 文件格式（.doc）保存文档

用户还可以将文件保存为 Word 97-2003 文件格式，进而与 Microsoft Word 早期版本的用户共享文件。例如，用户可以将 Microsoft Word 2010 文档（.docx）另存为 Word 97-2003 文档（.doc）。

方法：单击"文件"选项卡，然后选择"另存为"选项，如图 1.1.9 所示，在弹出的"另存为"对话框中单击"Word 97-2003 文档"，为文档键入名称，然后单击"保存"按钮。

图 1.1.9　选择"另存为"

1.1.5　特殊符号的录入

有时输入文字时需要输入一些诸如希腊字母、罗马数字和日文片假名及汉语拼音等特殊符号，这时仅仅通过键盘是无法输入这些符号的。Word 2010 中提供了插入这些符号的功能，方法如下。

方法 1：要在文档中插入符号，可先将插入点放置在要插入符号的位置，然后在窗口菜单中选择"插入"选项卡"符号"组中的"符号"按钮，弹出如图 1.1.10 所示的下拉菜单。用户可以根据需要直接单击选择"符号"组中列出的符号。

方法 2：单击图 1.1.10 中的"其他符号"，弹出"符号"对话框，如图 1.1.11 所示。

在"符号"对话框的"近期使用过的符号"选项组中显示了用户最近使用过的 20 个符号，以方便用户对这些符号进行查找。

图 1.1.10　插入特殊符号

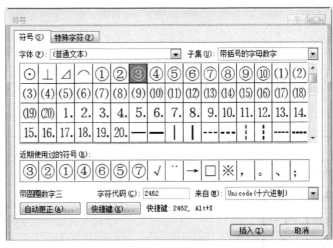

图 1.1.11　"其他符号"对话框

1.1.6 编辑文本

1. 选定文本

在对 Word 2010 文档中的文本进行编辑和排版操作之前，首先要选定文本。文本的选定可以通过鼠标和键盘实现。

（1）鼠标选定文本

- 选定一个词：双击选定待定词语。
- 选定一句：按住【Ctrl】键的同时单击待选定句子。
- 选定一行：可以利用选定栏，移动鼠标指针到待选行左边，鼠标会自动地变成向右的箭头，单击选定一行。
- 选定一段：当鼠标移动到左边选定栏时，双击选定一段。
- 选定全文：当鼠标移动到左边选定栏时，三击选定全文。或者在"开始"选项卡的"编辑"组里打开"选择"列表，选择"全选"命令。还可以使用快捷键【Ctrl+A】。
- 选择任意连续文本：将鼠标指针指向待选文本的起始位置，按下鼠标左键拖动鼠标到待选文本的结束处，释放鼠标，即将鼠标拖动轨迹中的文本选定。另一种方法是，在待选文本的开始处单击，然后按住【Shift】键在待选文本结尾处单击，即可将两次单击处之间的文本选定。
- 矩形块选定文本：按住【Alt】键并拖动鼠标就可以选定矩形文字。

> **释义**
>
> 选定栏是指文档窗口左边界和页面上工作区左边界之间不可见的一栏，移动鼠标指针到待选文本左边，鼠标会自动变成向右的箭头，单击选定一行，双击选定一段，三击选定全文。

（2）用键盘选定文本

Word 2010 提供了一套利用键盘选择文本的方法，主要是通过【Ctrl】、【Shift】和方向键来实现的。文本选择快捷键如表 1.1.1 所示。

表 1.1.1 文本选择快捷键

按键	作用
【Shift】+【↑】	向上选定一行
【Shift】+【↓】	向下选定一行
【Shift】+【←】	向左选定一个字符
【Shift】+【→】	向右选定一个字符
【Ctrl】+【Shift】+【←】	选定内容扩展至上一单词结尾或上一个分句结尾
【Ctrl】+【Shift】+【→】	选定内容扩展至下一单词结尾或下一个分句结尾

（续表）

按键	作用
【Ctrl】+【Shift】+【↑】	选定内容扩展至段首
【Ctrl】+【Shift】+【↓】	选定内容扩展至段末
【Shift】+【Home】	选定内容扩展至行首
【Shift】+【End】	选定内容扩展至行尾
【Shift】+【PageUP】	选定内容向上扩展一屏
【Shift】+【PageDown】	选定内容向下扩展一屏
【Alt】+【Ctrl】+【Shift】+【PageUP】	选定内容扩展至文档窗口开始处
【Alt】+【Ctrl】+【Shift】+【PageDown】	选定内容扩展至文档窗口结尾处
【Ctrl】+【Shift】+【Home】	选定内容扩展至文档开始处
【Ctrl】+【Shift】+【End】	选定内容扩展至文档结尾处
【Ctrl】+【Shift】+【F8】	纵向选取整列文本
【Ctrl】+【A】或【Ctrl】+ 小键盘数字 5	选定整个文档

2. 移动和复制文本

通过鼠标操作和剪贴板两种方法可实现字符或文本的移动或复制。

方法1：鼠标拖动法。

首先在文档中选中需要移动或复制的文本。按住鼠标左键拖动到目标位置即可完成移动操作；在鼠标拖动的同时按住【Ctrl】键，可完成复制操作。

方法2：使用剪贴板。

选中需要移动或复制的文本。然后单击"开始"→"剪贴板"→"剪切"/"复制"，将选中的文档剪切或复制下来。

将光标移动到插入文本的位置，然后单击"开始"→"剪贴板"→"粘贴"，即可将文本移动或复制到新的位置。

3. 删除文本

要在 Word 2010 中删除文本，可针对不同的内容采用不同的删除方式。

（1）删除单个或多个文本

删除这类文本的时候，最简单的方法是使用【Backspace】键删除光标左边的字符，或者使用【Delete】键删除光标右边的文本。

（2）删除大段文本及段落

选定要删除的文本，然后单击"开始"→"剪贴板"→"剪切"即可。

4. 清除格式

在 Word 2010 中可以清除文本的格式，而不改变文本的内容，方法如下：

选定要清除格式的文本，然后单击"开始"→"字体"→"清除格式"即可。

项目
1

5. 撤消和恢复

在 Word 2010 中，用户可以撤消和恢复多达 100 项操作。操作方法如下。

（1）撤消执行的上一项或多项操作

方法 1：单击快速访问工具栏上的"撤消"按钮。

方法 2：也可以按【Ctrl+Z】的键盘快捷方式 。

方法 3：要同时撤消多项操作，可单击"撤消"旁的箭头，从列表中选择要撤消的操作，然后单击列表，所有选中的操作都会被撤消。

（2）恢复撤消的操作

若要恢复某个撤消的操作，可单击快速访问工具栏中的"重复"按钮。键盘快捷方式也可以按【Ctrl+Y】。

6. 插入与改写状态

Word 2010 文档文字输入有插入和改写两种状态，默认是插入状态。在"插入"状态下，在原有文本的左边输入文本时原有文本将右移。另外还有一种文本输入状态为"改写"状态，在原有文本的左边输入文本时，原有文本将被替换。用户可以根据需要在 Word 2010 文档窗口中切换"插入"和"改写"两种状态，也可以按键盘上的【Insert】键。

1.1.7 文本格式化

1. 设置字符格式

在文档中，文字是组成段落的最基本的元素，任何一个文档都是从段落文本开始进行编辑的。当用户输入文本的内容之后，就可以对相应的文本进行格式化操作，从而使文档更加美观大方。字符格式的设置主要包括字体、字形、字号、字的颜色等。字体是指字符的形体，分为中文字体和西文字体；字形是指附加的字符形体属性，例如粗体、斜体等；字号是指字符的尺寸大小标准。设置字符的格式有以下四种方法：

方法 1：使用"开始"选项卡的"字体"组。

利用"开始"选项卡"字体"组中的按钮可以完成字符格式的设置，包括字体、字号、增大字体、缩小字体、更改大小写、清除格式、拼音指南、字符边框、字形（粗体、斜体、下划线）、字体颜色等命令。

方法 2："字体"对话框。

单击"开始"选项卡"字体"组右下角的对话框启动器，打开"字体"对话框，如图 1.1.12 所示。在弹出的"字体"选项卡设置中（西）文字体、字形、字号、字体颜色、文字效果等格式；在"高级"选项卡中设置字符间距、Opentype 功能等格式。

方法 3：选中要设置格式的字符，单击右键，选择"字体"选项，也可以弹出如图 1.1.12 的"字体"对话框。

方法 4：使用"格式刷"工具。

格式刷位于"开始"选项卡的"剪贴板"组，如图 1.1.13 所示，它能够将光标所在位置的所有格式复制到所选文字上面，可以大大减少排版的重复劳动。

先把光标放在设置好格式的文字上，然后点击格式刷，再选择需要同样格式的文字，鼠标左键拉取范围选择，松开鼠标左键，相应的格式就会设置好。

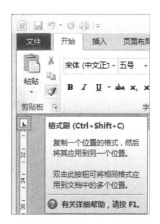

图 1.1.12　"字体"对话框　　　　图 1.1.13　"格式刷"命令按钮

> **注意**
>
> 　　格式刷无法复制艺术字（使用现成效果创建的文本对象，并可以对其应用其他格式效果）文本上的字体和字号。
> 　　可以使用"格式刷"应用文本格式和一些基本图形格式，如边框和填充。

2. 设置段落格式

段落格式设置是指设置整个段落的外观，包括段落缩进、段落对齐、段落间距、行间距等格式设置。

设置段落格式也有两种方法：

方法 1：使用"开始"选项卡"段落"组中的功能按钮进行设置。

方法2："段落"对话框。

单击"开始"选项卡"段落"组右下角的对话框启动器，打开"段落"对话框；或者单击右键，选择"段落"选项，也可以弹出如图 1.1.14 所示的"段落"对话框。

图 1.1.14 "段落"对话框

若对一个段落进行设置，则应将光标（插入点）置于该段落中的任意位置；若对几个段落进行设置，则需选中这些段落。

（1）对齐方式

对齐方式是段落内容在文档的左右边界之间的横向排列方式。Word 2010 共有 5 种对齐方式：左对齐、右对齐、居中对齐、两端对齐和分散对齐。

- 左对齐：文字段落向左边边缘对齐。
- 右对齐：文字段落向右边边缘对齐。
- 居中对齐：文字段落向在排版区域内居中对齐。
- 两端对齐：所选文字段落的左右两端的边缘都对齐。
- 分散对齐：通过调整字间距使文本段落的各行等宽。

（2）段落缩进

段落的缩进就是段落两侧与页边的距离。设置段落缩进可以将一个段落与其他的段落分开，使得文档条理清晰、层次分明。选择要设置缩进的段落，单击"开始"→"段落"

组，打开"段落"对话框，在"缩进和间距"选项卡中根据需要从中设置各个选项即可。

（3）行间距和段落间距

行间距是指邻近两行文字间的距离。要设置段落间距，单击"开始"→"段落"组，打开"段落"对话框，在"行距"处设置。

所谓的段落间距，就是指前后相邻的段落之间的距离。要设置段落间距，首先应在文档中选择要改变的间距的段落，然后单击"开始"选项卡→"段落"组，打开"段落"对话框，在"缩进和间距"选项卡中的"间距"处根据需要从中设置各个选项即可。

【任务实施】

要完成图 1.1.2 所示的"信息学院学生干部会议通知"的编辑排版，步骤如下：

1. 创建文档

（1）新建一个空白文档。

（2）单击快速访问工具栏中的"保存"按钮，打开"另存为"对话框，再选择文档存盘路径，在"文件名"组合框中将文件名改为"信息学院 2014-2015 学年表彰大会通知"，在"保存类型"下拉列表框中选择为"Word 文档（*.docx）"选项。

（3）单击"保存"按钮，将文档暂时存盘。

2. 录入文字

在刚建立的空白文档中录入"信息学院 2014-2015 学年表彰大会通知"的文字。每个自然段结束时按【Enter】键表示段落结束，如图 1.1.15 所示。

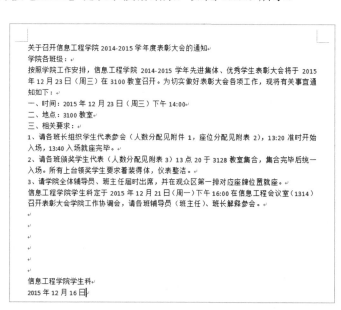

图 1.1.15　信息学院 2014-2015 学年表彰大会通知的内容

3. 格式排版

（1）标题排版设置

❶ 选定标题“关于召开信息工程学院 2014-2015 学年度表彰大会的通知”。

❷ 选择“开始”选项卡，在“字体”组中设置标题文字为“黑体”“三号”“加粗”。

❸ 在“段落”组中单击“居中”按钮 ☰，将标题居中。

❹ 选择“开始”选项卡，单击“段落”组右下角的对话框启动器，打开“段落”对话框，在“间距”选项卡中设置段前为“1 行”，段后为“1 行”，如图 1.1.16 所示。

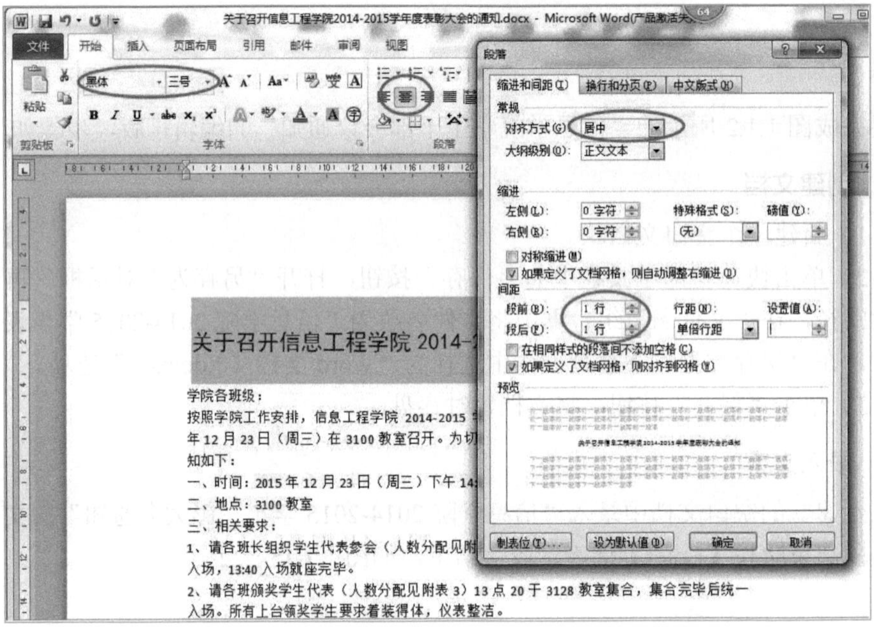

图 1.1.16　信息学院 2014-2015 学年表彰大会通知标题设置

（2）正文排版设置

❶ 选定正文，包括标题、正文、落款和日期。

❷ 选择“开始”选项卡，在“字体”组中设置标题文字为“宋体”“四号”。

❸ 选定正文段落，不包括标题、落款和日期。选择“开始”选项卡，单击“段落”组右下角的对话框启动器，打开“段落”对话框，在“缩进和间距”选项卡中，将对齐方式设置为“两端对齐”，特殊格式中设置为“首行缩进”2 字符；在“间距”选项卡中设置段前为“0.5 行”，在“行距”下拉列表中选择“固定值”选项，将其后的值设为“16 磅”，如图 1.1.17 所示。

❹ 选定落款和日期，单击“开始”选项卡“段落”组中的“文本右对齐”按钮，将通知的落款和日期右对齐。

❺ 选定时间，单击“开始”选项卡“段落”组右下角的对话框启动器，打开“段落”对话框，设置右侧缩进“0.5 字符”，如图 1.1.18 所示。

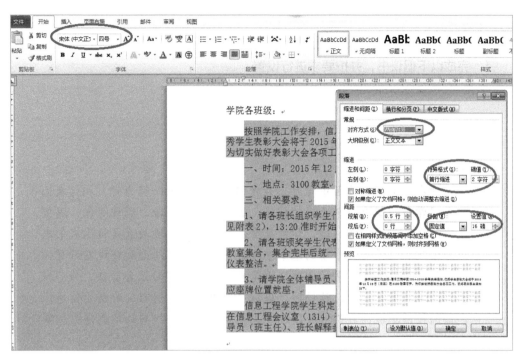

图 1.1.17　信息学院 2014-2015 学年表彰大会通知正文设置

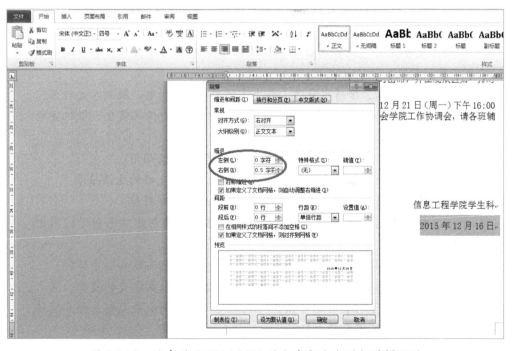

图 1.1.18　信息学院 2014-2015 学年表彰大会通知时间设置

4. 文档保存

单击快速访问工具栏中的"保存"按钮，将当前排版好的文档存盘。

【能力拓展】

1. 完成以下倡议书，并按要求进行设置。

环保倡议书范文

亲爱的同学们：

当你在这美丽的校园中学习，为我们美好的未来而努力时，相信我们每一个同学都渴望有一个干净的校园，渴望健康的生命，渴望绿色，渴望我们有一个良好的生活环境。学校是育人的场所，环境教育是提高我们思想道德素质和科学文化素质的基本手段之一，建立节约型和环境友好型校园，不仅是学校自身发展的需要，更是我们学生应有的社会责任。为了增强大家的环境保护意识，让校园、班级环境更加整洁靓丽，有利于创建绿色和谐的校园环境，我们"校园环境志愿者"活动小组恳切地向师生们提出如下倡议：

1. 树立绿色文明观念，自觉关心环境状况，把个人环保行为视为个人文明修养的组成部分。

2. 不乱扔垃圾、果皮纸屑，不随地吐痰，不随意采摘校园的一草一木，爱护公共绿地。

3. 爱护仪器、设备和公物，使设备始终保持完好状态，尽力减少损坏维修。

4. 节约用水，珍惜水资源，减少水污染；节约用电，做到人走灯灭，光线充足时不要开灯，避免"白昼灯""长明灯"的情况发生，微机室电脑用后及时关机。

5. 节约用纸，尽量少用餐巾纸，草稿纸等尽量两面用。

6. 生活节俭，不随意浪费粮食，不剩饭，培养良好的生活习惯。

7. 尽量少用塑料袋，尽量少用一次性的纸杯、塑料杯。

8. 从我做起，号召全校同学树立环境意识，为创建绿色和谐校园出自己的一份力。

"历览前贤国与家，成由勤俭败由奢"，中华民族历来倡导节约，父母老师也再三强调环境的保护，让我们义不容辞地承担各自的使命，树立环境意识，养成节约资源的习惯，从我做起，从点滴小事做起，为共建环境友好型的和谐校园而努力！

信息工程学院学生会

2014 年 12 月 3 日

要求：

（1）标题：二号、楷体、加粗、段前 1 行、段后 1 行、居中对齐。

（2）正文：小四、楷体、1.5 倍行间距。

（3）落款和时间：小四、楷体、1.5 倍行间距、右对齐。落款右缩进 1 个字符、时间右缩进 1.5 个字符。

2. 按要求录入以下字体，分别以 Word 文档格式（.docx）和兼容格式（.doc）保存在指定文件夹，文件名为"字体效果"。

Office 2010 高级应用（空心）

Office 2010 高级应用（阳文）

Office 2010 高级应用（阴文）

Office 2010 高级应用（双删除线）

Office 2010 高级应用（下划线）

3. 正确录入以下文字，完成后面的要求。

请假条

尊敬的 ＿＿＿＿:

我是 ＿＿＿ 班级学生，因 ＿＿＿＿ 请假，请假时间从 ＿＿ 年 ＿＿ 月 ＿＿ 日时起至 ＿＿ 年 ＿＿ 月 ＿＿ 日时止，共 ＿＿＿(天 / 时)。本人联系电话：＿＿＿，家长电话：＿＿＿。离校期间安全问题自行负责，请批准。

请假人（手签）：

年 月 日

辅导员（班主任）意见：

学院意见：

要求：

（1）标题：黑体、三号、加粗、字符间距加宽 7 磅。

（2）正文：宋体、小四、2 倍行距。

（3）落款和时间：宋体、小四、2 倍行距、右对齐。落款右缩进 4 个字符、时间右缩进 2 个字符。

任务 1.2　　格式排版——古诗排版设计

文档编辑和排版是 Word 的入门基础部分，简单的文字排版工作不仅包括录入文字以及特殊字符、设置字符和段落格式，还包含特殊字符的设置、使用拼音指南、进行简繁转换、添加项目符号和尾注等。

【任务描述】

张翔是某学校的教师，他想给学生介绍《观书有感》这首诗，需要把这首诗录入 Word 文档、标注拼音，并给出注释和诗词释意，张老师设计了如图 1.2.1 所示的文档。

本次任务需能设置字体、段落格式，能进行简繁转换、为文字添加拼音和尾注。

图 1.2.1　张老师设计的诗词鉴赏

【相关知识】

1.2.1　设置特殊字符

1. 命令按钮

在"开始"选项卡上的"字体"组中还有以下按钮命令，如表 1.2.1 所示。

表 1.2.1   "字体"组中的命令

按钮	功能
U 下划线	给所选文字添加下划线
abc 删除线	绘制一条贯穿所选文字的线
x₂ 下标	在义字基线下方创建小字符
x² 上标	在文本行上方创建小字符
Aa˙ 更改大小写	将所选文字更改为全部大写、全部小写或其他常见的大小写形式
A˙ 增大字体	增大字号
A˅ 减小字体	减小字号
清除格式	清除所选内容的所有格式，只留下纯文本
拼音指南	显示拼音字符以明确发音
A 字符边框	在一组字符或者句子周围添加边框
ab 突出显示文本	使文字看上去像是使用荧光笔做了标记一样
A 字符底纹	为整个行添加底纹背景
带圈字符	在字符周围放置圆圈或者边框加以强调

2. 上标或下标

上标和下标是指一行中位置比文字略高或略低的数字。例如，脚注或尾注编号的引用就是一个上标，而科学公式可能使用下标文本。

选择要设置为上标或下标的文字，执行下列操作之一：

方法 1：在"开始"选项卡上的"字体"组中，单击"上标"或者"下标"按钮。

方法 2：使用快捷键，按【Ctrl】+【Shift】+【+】设置为上标，或者按【Ctrl】+【=】设置为下标。

方法 3：单击右键，在"字体"对话框中，选择"上标"或者"下标"。

3. 下划线

下划线线型：指定所选文字是否具有下划线以及下划线的线型。在"字体"对话框中下划线线型处选择"无"，可删除下划线。

下划线颜色：指定下划线的颜色。在应用下划线线型之前，该选项保持为不可用。

选择要设置下划线的文字，执行下列操作之一：

方法 1：单击"开始"→"字体"组→"下划线"的下拉按钮，选择线型和颜色，如图 1.2.2 所示。

方法 2：单击右键，在"字体"对话框中，选择线型和颜色，如图 1.2.3 所示。

图 1.2.2　下划线下拉菜单

图 1.2.3　"字体"对话框

4.带圈字符

带圈字符是指在字符周围放置圆圈或者边框加以强调。

选择要设置带圈的文字，点击"开始"→"字体"组→"带圈字符"命令按钮，在弹出的对话框（如图 1.2.4 所示）中进行设置。

图 1.2.4　"带圈字符"对话框

在"样式"区可以选择圈的样式，在"圈号"区可以选择圆圈或者各种边框。

5.拼音指南

利用"拼音指南"功能，可自动将汉语拼音标注在选定的中文文字上。

（1）在文字上方添加拼音

选定一段文字。单击"开始"→"字体"组→"拼音指南"按钮，弹出如图 1.2.5 所示的"拼音指南"对话框。汉语拼音会自动标记在选定的中文字符上。一次最多只能选定 30 个字符并自动标记拼音。

图 1.2.5 "拼音指南" 对话框

其中, 对齐方式是指拼音相对于文字的对齐方式, 偏移量是指拼音和文字的间距。

（2）在文字后添加单个拼音

如果要在文字后添加拼音,选择要添加拼音的汉字文本,执行"开始"→"字体"→"拼音指南",在"拼音指南"对话框中,单击"确定"按钮,汉字上面将自动被加上拼音。选中这些汉字和拼音,执行"剪切"操作,执行"开始"→"剪贴板"→"选择性粘贴",打开"选择性粘贴"对话框,选择粘贴形式为"无格式文本",单击"确定"按钮。可见双行变为一行,拼音位于每个汉字之后,但原有格式会被清除,采用的是插入点所在位置处的字符格式。

（3）在文字后添加多个汉字的拼音

如果想让多个汉字的拼音出现在随后的一个括号里,需要在"拼音指南"对话框中进行设置,单击"组合"按钮,原来单个的汉字即集中在一个文本框中,拼音集中在对应的另一个文本框中。可以在拼音框添加注解文字,还可以在各字音间添加空格,以避免将来拼音之间距离过近。

6. 菜单命令

单击"开始"选项卡→"字体"组对话框启动器,在弹出的如图 1.2.3 所示的"字体"对话框中还可以设置以下效果:

小型大写字母：将所选小写字母文字的格式设置为大写字母,并减小其字号。小型大写字母格式不影响数字、标点符号、非字母字符或大写字母。

全部大写：将小写字母的格式设置为大写。全部大写格式不影响数字、标点符号、非字母字符或大写字母。

单击"字体"对话框的"文字效果"按钮,弹出如图 1.2.6 所示的对话框,还可以对文本设置以下效果:

● 轮廓：设置所选文字的轮廓的样式及颜色。

● 阴影：向所选文字的下方和右侧添加阴影。

- 空心：显示每个字符的内边框和外边框。
- 映像：使所选文字呈现出倒影效果。
- 发光：使所选文字显示不同颜色强度的发光效果。

图 1.2.6　"文字效果"对话框

7. 简繁互换

有些时候需要将简体中文转换成繁体中文，或者将繁体中文转换成简体中文，转换的方法分以下 2 种情况：

（1）转换选取的文字

选取需要转换的文字，例如句子、标题、段落等。

单击"审阅"选项卡，然后依照要转换的需求，单击"繁转简"或"简转繁"按钮，如图 1.2.7 所示。

（2）转换整个文件

图 1.2.7　文字简繁转换

在键盘上按【Ctrl+ A】以选取整个文件的内容。

单击"审阅"选项卡，然后依照要转换的需求，单击"繁转简"或"简转繁"按钮。

> ⊙ 注意
>
> 中文简繁转换不支持转换 SmartArt 或其他插入对象内的文字。

1.2.2　项目符号与编号

使用项目符号和编号，在文档中能起到使段落清晰和层次分明的作用。

选定文本后，只要单击"开始"选项卡"段落"组的项目符号、编号和多级列表，就可以在弹出的"项目符号与编号"对话框中根据需要设置相应的选项来实现项目符号和编号的插入，如图 1.2.8、图 1.2.9、图 1.2.10 所示。

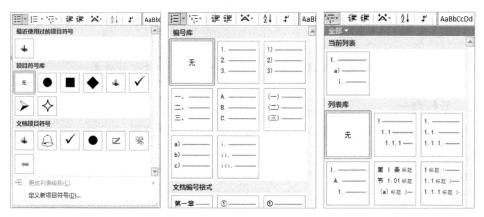

图 1.2.8　项目符号库　　　　图 1.2.9　编号库　　　　图 1.2.10　多级列表库

1.2.3　显示和隐藏格式标记

有时在编辑文本时需要显示段落标记和其他隐藏的格式符号。

在"开始"选项卡上的"段落"组中，单击"显示 / 隐藏"按钮 ⚓。但是"显示 /隐藏编辑标记"按钮不关闭所有的格式标记。如果选择始终显示特定的标记（例如段落标记或空格），"显示 / 隐藏编辑标记"按钮不会隐藏所有的格式标记。

1.2.4　中文版式

在"段落"组中有一个"中文版式"命令 ⚡，可以完成一些特殊的排版格式。

1. 纵横混排

在 Word 文档中，有时出于某种需要必须使文字纵横混排（如对联中的横联和竖联等），这时就要用到"纵横混排"命令。

方法：选定需要竖排的文字，单击"段落"→"中文版式"→"纵横混排"命令；若要将竖排文字与行宽对齐，可选中"适应行宽"复选框，最后单击"确定"按钮。如图 1.2.11 所示。

2. 合并字符

合并字符就是将一行字符折成两行，并显示在一行中。这个功能在制作名片、出版书籍或发表文章等地方，可以发挥其作用。

方法：选中需要合并的字符，单击"段落"→"中文版式"→"合并字符"，打开"合并字符"对话框，在该对话框下面的"字体"列表框中，用户可以选择合并字符的字体，在"字号"列表框里可选择合并字符字体的大小，并可以预览合并后的效果，最后单击"确定"按钮，如图 1.2.12 所示。

图 1.2.11　文字纵横混排　　　图 1.2.12　合并字符效果

3．双行合一

有时候用户需要在一行里显示两行文字，这样可以使用双行合一的功能来达到目的。

选择要双行显示的文本（注意：只能选择同一段落内且相连的文本），单击"段落"→"中文版式"→"双行合一"，弹出双行合一的设置窗口，预览一下双行合一的效果，选中"带括号"复选框对双行合一的文字加括号，点击"确定"按钮使用双行合一。使用双行合一后，为了适应文档，双行合一的文本的字号会自动缩小，如图1.2.13 所示。

图 1.2.13　双行合一效果

删除"双行合一"，把光标定位到已经双行合一的文本中，单击"段落"→"中文版式"→"双行合一"，弹出双行合一的设置窗口，点击左下角的"删除"按钮，可以删除双行合一，恢复一行显示。

4．字符缩放

在一些特殊的排版中需要设置字符的宽与高有一定的缩放比例。

选中需要缩放的字符，单击"段落"→"中文版式"→"字符缩放"，在其下拉列表框中选择需要缩放的比例，也可以在"其他"选项中直接输入百分比的数值，如图 1.2.14 所示。

5．文字宽度调整

Word 2010 还提供了利用设置文字的宽度来调整字符间距的办法。

选择需要调整宽度的文字，单击"段落"→"中文版式"→"调整宽度"命令。在打开的对话框中，输入需要的宽度。单击"确定"按钮，如图 1.2.15 所示。如要取消调整宽度的效果，可再次打开该对话框，单击"删除"按钮。

1.2.5　脚注和尾注

脚注和尾注用于在打印文档时为文档中的文本提供解释、批注以及相关的参考资料。可用脚注对文档内容进行注释说明，而用尾注说明引用的文献。在默认情况下，Word 将脚注放在每页的结尾处而将尾注放在文档的结尾处。

图 1.2.14　字符缩放

图 1.2.15　调整字符宽度

1．插入脚注和尾注

方法 1：菜单方式。

在页面视图中，单击要插入注释引用标记的位置。点击"引用"→"脚注"组→"插入脚注"或"插入尾注"→键入注释文本，如图 1.2.16 所示。

方法 2：键盘快捷方式。

要插入脚注，可按【Ctrl+Alt+F】键；插入尾注，可按【Ctrl+Alt+D】组合键，然后键入注释文本。

图 1.2.16　"脚注"组

2．更改脚注和尾注

将插入点置于文档中的任意位置，单击"引用"选项卡→"脚注"组的对话框启动器→选择"脚注"或"尾注"→选择"编号格式"→单击"应用"按钮，如图 1.2.17 所示。

图 1.2.17　"脚注和尾注"对话框

3. 删除脚注和尾注

删除注释，删除文档窗口中的注释引用标记，而非注释中的文字。

在文档中选定要删除的脚注或尾注的引用标记，然后按【Delete】键。如果删除了一个自动编号的注释引用标记，Word 会自动对注释进行重新编号。

【任务实施】

要完成《观书有感》的诗词鉴赏的制作，步骤如下：

1. 文字录入

新建一个空白 Word 文档，在其中录入诗词内容，如图 1.2.18 所示。

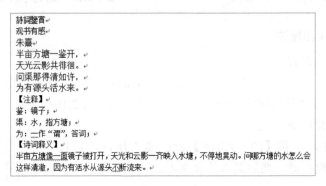

图 1.2.18　文字录入

其中，插入特殊符号"【"和"】"的步骤为：单击"插入"选项卡→"符号"组→"符号"下拉按钮，选择相应符号。

2. 段落对齐

诗词内容设置为居中对齐，方法有 2 种：

方法 1：选中诗词标题及正文部分，单击"开始"选项卡→"段落"组→"居中对齐"命令。

方法 2：选中诗词标题及正文部分，单击"开始"选项卡→"段落"组的对话框启动器，在"段落"对话框的"缩进和间距"选项卡中，选择对齐方式为"居中"，如图1.2.19 所示。

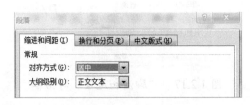

图 1.2.19　文字居中对齐

3. 设置段落间距

（1）设置标题的段间距，段前 1 行，段后 1 行

选中标题，单击"开始"选项卡→"段落"组的对话框启动器，在"段落"对话框的"缩进和间距"选项卡中，选择段前间距"1 行"，段后间距"1 行"，如图 1.2.20 所示。

（2）设置注释和诗词释义的段落内容为首行缩进

选中相应内容，单击"开始"选项卡→"段落"组的对话框启动器，在"段落"对话框的"缩进和间距"选项卡中，选择特殊格式为"首行缩进"，磅值为"2 字符"，如图 1.2.21 所示。

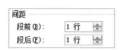

图 1.2.20　段前段后间距设置　　　　图 1.2.21　首行缩进 2 个字符

4. 设置文本格式

引文设置为三号，蓝色；标题设置为楷体，三号，红色；正文楷体，小四，红色；注释和诗词释义部分宋体，五号，黑色。方法有 2 种：

方法 1：选中相应部分，单击"开始"选项卡→"字体"组→通过"字体""字号""颜色"命令进行设置。

方法 2：选中相应部分，单击"开始"选项卡→"字体"组的对话框启动器→"高级"选项卡→中设置字体、字号、颜色。

5. 设置字符间距

由于要添加拼音，需要把字符间距加宽为 4 磅。

选中标题和正文部分，单击"开始"选项卡→"字体"组的对话框启动器→"高级"选项卡→"字符间距"→间距为"加宽"、磅值为"4 磅"，如图 1.2.22 所示。

图 1.2.22　字符间距设置

6. 添加拼音

选中标题和正文部分，单击"开始"选项卡→"字体"组的"拼音指南"按钮，在弹出的"拼音指南"对话框中（如图 1.2.23 所示），设置拼音对齐方式为"1-2-1"，偏移量为"5 磅"，字号"8 磅"，效果如图 1.2.24 所示。

图 1.2.23　添加拼音

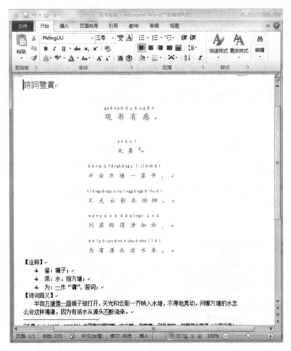

图 1.2.24　添加拼音后的文本

7. 设置引文

（1）中文"简转繁"

选中引文"诗词鉴赏"，选择"审阅"→"中文简繁转换"→"简转繁"，将引文设置为中文繁体。

（2）设置带圈字符

先选中引文中的"詩"字，选择"开始"选项卡中的带圈字符⬭，在弹出的"带圈字符"对话框中，选择样式为"增大圈号"，选择圈号为圆形，单击"确定"按钮，然后依次完成对"詞""鑒""賞"的设置，如图 1.2.25 所示。

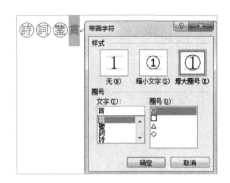

图 1.2.25　设置带圈字符

8. 设置项目符号

选中注释部分的内容，单击"开始"选项卡→"段落"→"项目符号"下拉按钮→选择相应的项目符号，如图 1.2.26 所示。

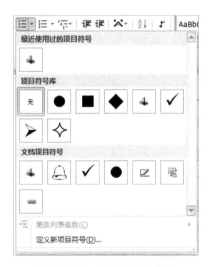

图 1.2.26　添加项目符号

9. 添加尾注

把插入点放在作者朱熹的后面，选择"引用"选项卡的"脚注"组，单击"脚注与尾注"对话框启动器。在"位置"区域选择尾注，在格式部分选择如图编号格式，单击"应用"按钮，如图 1.2.27 所示。

图 1.2.27　添加尾注

在文档尾部录入作者的介绍内容"朱熹（xi）（1130 ～ 1200 年）中国南宋理学家。字元晦，号晦庵。别号紫阳，祖籍徽州婺源（今属江西）"。字体为宋体、小五，黑色，如图 1.2.28 所示。

图 1.2.28　对作者添加尾注

10. 保存文档

完成前面九个步骤的操作以后，文档内容部分已经完成，把该文档保存在指定文件夹中，文件名为"观书有感"。

◎【能力拓展】

1. 正确录入以下文字，完成后面的要求。

班级： 姓名

陆地和海洋

地球上的陆地面积约 1.49 亿平方米，海洋面积约 3.61 亿平方米。

【陆地】地球表面未被海水淹没的部分。陆地的平均高度为 875 米。大体分为大陆、岛屿和半岛。大陆是面积广大的陆地，全球有六块大陆。大陆和它附近的岛屿总称为洲，全球有七大洲。岛屿是散布在海洋、河流或湖泊中的小块陆地。彼此相距较近的一群岛屿称群岛。

【海洋】地球上广阔连续的水域。海洋平均深度为 3795 米。包括洋、海和海峡。洋是海洋的主体部分，具有深渊而浩瀚的水域，有比较稳定的盐度（35‰左右）。世界上有四大洋，海是海洋的边缘部分，面积较小，深度较浅，温度和盐度受大陆的影响较大，海又分边缘海、内海和陆间海三种。

要求：

（1）设置标题为黑体、三号、蓝色、加粗、倾斜，设置正文为楷体，小四，黑色；

（2）设置标题为段前 2 行，段后 1 行，正文行间距为固定值 20 磅，设置正文首行缩进 2 个字符；

（3）正文第一段文字设置字符底纹；正文第二段文字设置为用黄色突出显示；

（4）给标题添加拼音，要求：拼音添加在标题后；

（5）分别以 Word 文档格式（.docx）和兼容格式（.doc）保存在指定文件夹中，文件名为"陆地和海洋"。

2. 录入以下内容并完成后面的要求。

苏幕遮
范仲淹

碧云天，黄叶地，秋色连波，波上寒烟翠。
山映斜阳天接水，芳草无情，更在斜阳外。
黯乡魂，追旅思，夜夜除非，好梦留人睡。
明月楼高休独倚，酒入愁肠，化作相思泪。

注释：

　　（1）黯乡魂：黯，沮丧愁苦；黯乡魂指思乡之苦令人黯然销魂。黯乡魂，化用江淹《别赋》"黯然销魂者，惟别而已矣"。

　　（2）追旅思：追，追缠不休。旅思，羁旅的愁思。

　　（3）夜夜除非，即"除非夜夜"的倒装。按本文意应作"除非夜夜好梦留人睡"。这里是节拍上的停顿。

要求：

（1）正文设置为绿色、楷体、四号字，为正文添加拼音；

（2）注释部分设置为黑色，新宋体、五号字；

（3）"注释"两字转换成中文繁体；

（4）在文中适当地方插入脚注，内容和格式如下框中所示；

> 内容：范仲淹（989—1052 年）字希文，谥文正，亦称范履霜。北宋著名政治家、文学家、军事家、教育家。祖籍邠州（今陕西省彬县），后迁居苏州吴县（今江苏省吴县）。
> 字体格式：宋体、小五、黑色。

（5）保存在指定文件夹中，文件名为"宋词"。

3. 录入以下内容并完成后面的要求。

Windows 7——基于 Vista 的全新系统

　　Windows 7 做了许多方便用户的设计，如快速最大化、窗口半屏显示、跳跃列表、系统故障快速修复等，这些新功能令 Windows 7 成为最易用的 Windows 系统。

　　Windows 7 大幅缩减了 Windows 的启动速度，据实测，在 2008 年的中低端配置下运行，系统加载时间一般不超过 20 秒，这与 Windows Vista 的 40 余秒相比，是一个很大的进步。Windows 7 将会让搜索和使用信息更加简单，包括本地、网络和互联网搜索功能，直观的用户体验将更加高级，还会整合自动化应用程序提交和交叉程序数据透明性。Windows 7 包括改进了的安全和功能合法性，还会把数据保护和管理扩展到外围设备。Windows 7 改进了基于角色的计算方案和用户账户管理，在数据保护和坚固协作的固有冲突之间搭建沟通桥梁，同时也会开启企业级的数据保护和权限许可，Windows 7 可以帮助企业优化它们的桌面基础设施，具有无缝操作系统、应用程序和数据移植功能，并简化 PC 供应和升级，进一步朝完整的应用程序更新和补丁方面努力。

要求：

（1）标题设置为小三、黑体、加粗、红色；

（2）正文设置为小四、隶书、蓝色、字符间距 2 磅、2 倍行距；

（3）为标题上的"全新系统"四个字添加拼音；

（4）将最后一行文字缩放为 200%；

（5）保存在指定文件夹中，文件名为"Windows 7"。

任务 1.3　图文混排——电子板报设计

图文混排是 Word 的特色功能之一，能在文档中插入图片、剪贴画、文本框、公式等内容，通过将适当的图像与文字有效地排列组合在一起，使文档内容更丰富，与单纯的文字相比，图文混排可以大大丰富版面，在很大程度上提高版面的可视性。

【任务描述】

张老师的学生李华想把这段时间的学习内容做一份电子板报，在张老师的指导下完成了如图 1.3.1 所示的电子板报。

本次任务需在文本中插入图形、形状、文本框、公式等，并对图文进行混排。

图 1.3.1　电子板报

【相关知识】

1.3.1　特殊格式设置

1. 首字下沉

为了强调段首或章节的开头,可以将第一个字母放大以引起注意,这种字符效果叫做首字下沉。单击"插入"→"文本"→"首字下沉",则会弹出"首字下沉"任务窗格。

首字下沉"任务窗格预设了三种版式,选择"无",则不进行首字下沉,如果已进行过首字下沉,选择此项可以删除首字下沉,当段落中有多行文本时若首字符选择"下沉",文本可以围绕在首字符的下面;选择"悬挂",首字符下面不排文字。

选择"首字下沉"选项,会弹出"首字下沉"对话框,可以设置字体、下沉行数和距正文的距离,如图 1.3.2 所示。

2. 分栏

在页面排版时,还可以对文档进行分栏设置。

选定文本,单击"页面布局"→"页面设置"→"分栏",弹出"分栏"窗口。分栏任务窗格预设了五种分栏版式:"一栏""两栏""三栏""偏左"和"偏右"。选择"更多分栏"选项,弹出"分栏"对话框,如图 1.3.3 所示。在"栏数"框中,键入所需栏数。在"宽度"和"间距"栏中,设置各栏的栏宽和间距。要使栏宽相等,可选中"栏宽相等"复选框。若栏间距较小,容易造成阅读时串栏,这时可在栏间加一条分隔线,选中"分隔线"前的复选框即可。

图 1.3.2　"首字下沉"对话框

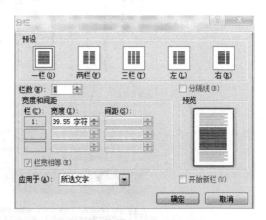

图 1.3.3　"分栏"对话框

1.3.2　段落边框和底纹

在文本中为段落添加各种边框,使用不同的底纹填充背景,可以修饰和突出文档中的内容,使添加边框和底纹的段落产生非常醒目的显示效果。

把边框加到页面、文本、表格和表格的单元格、图形对象、图片中，也可以添加底纹。

1．添加边框

（1）添加文字或段落的边框

选择需要添加边框的文字或段落，单击"页面布局"→"页面背景"→"页面边框"选项，打开"边框和底纹"对话框，选择"边框"选项卡，如图 1.3.4 所示。

图 1.3.4　"边框和底纹"对话框的"边框"选项卡

在对话框中可以设置所需要的边框样式、线型样式、线型颜色、线型宽度。"应用于"下拉列表可选择边框线的应用范围，单击"确定"按钮完成设置。

（2）添加页面边框

将光标定位于需要添加页面边框的文档。在"边框和底纹"对话框中选择"页面边框"选项卡，如图 1.3.5 所示。

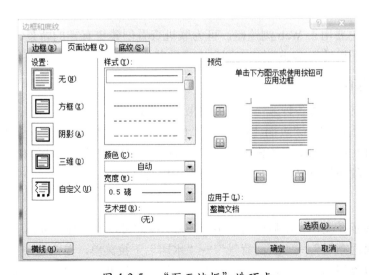

图 1.3.5　"页面边框"选项卡

在此选项卡中，用户可以设置边框的类型、线型和颜色，在"艺术型"下拉列表中还可以为页面设置艺术型的边框。在"应用于"下拉列表框中选择应用的范围。单击"确定"按钮后即可看到所设置的页面边框效果。

2. 添加底纹

底纹由填充底色和图案叠加而组成。所以在设置的过程中，用户既可以随意地调整底色，又可以修改图案的样式。

选中文本，打开"边框和底纹"对话框，选择"底纹"选项卡，如图 1.3.6 所示。在"填充"列表框中选择填充颜色。在"图案"选项组中选择底纹的样式和颜色。单击"确定"按钮即可。

图 1.3.6 "底纹"选项卡

1.3.3 页面背景

页面背景主要用于 Web 浏览器，可为联机查看创建更有趣的背景。可以在除普通视图和大纲视图以外的 Web 版式视图和大多数其他的视图中显示背景。

1. 页面颜色

用户可根据需要将各种颜色、填充效果作为页面颜色。

选择"页面布局"→"页面背景"组→"页面颜色"→"填充效果"，弹出"填充效果"对话框，如图 1.3.7 所示，可将渐变、图案、图片、纯色、纹理或水印等作为背景，渐变、图案、图片和纹理将以平铺方式或重复的方式填充页面。

2. 水印

水印是显示在文档文本后面的文字或图片，以此可以增加趣味或标识文档的状态。

选择"页面布局"→"页面背景"→"水印"下拉菜单，单击选中类型即可。

如果内设类型均不满意，可以选择"水印"下拉菜单下方的"自定义水印"选项，弹出"水印"对话框，如图 1.3.8 所示，可以选择用图片或者文字作为水印。

图 1.3.7 "填充效果"对话框

图 1.3.8 "水印"对话框

1.3.4 图形对象的处理

Word 2010 提供的强大的图片处理功能，可以使文档更加生动。

1. 插入和编辑图片

在文档中插入图片的方式有两种：插入剪贴画和插入来自文件的图片。

（1）插入剪贴画

单击"插入"→"插图"→"剪贴画"，则会弹出"剪贴画"任务窗格，如图 1.3.9 所示。在"剪贴画"任务窗格中的"搜索文字"文本框中，键入用于描述所需剪贴画的单词或短语，或键入剪贴画的所有或部分文件名称，单击 搜索 按钮即可查找到

Office 剪贴画中所有与此相关的剪贴画。

图 1.3.9　"剪贴画"任务窗格

单击要插入的剪贴画，剪贴板画就会插入到当前文档光标所在的位置。 或者单击要插入剪贴画旁边的下拉按钮，然后在弹出的快捷菜单中选择 "插入"菜单项即可。

（2）插入来自文件的图片

Word 2010 不仅可以在文档中插入系统附带的剪贴画，而且可以从磁盘的其他位置中选择要插入的图片文件。

单击要插入图片的位置。单击"插入"→"插图"→"图片"，弹出"插入图片"对话框，在"查找范围"下拉列表中选择合适的文件夹。选中图片，单击"插入"按钮即可将选中的图片插入到文档光标所在的位置。

（3）编辑图片

当将剪贴画或图片插入到文档中时，系统会自动开启"图片工具"的"格式"上下文选项卡，如图 1.3.10 所示。

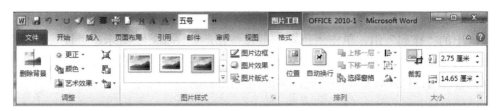

图 1.3.10 "图片工具"的"格式"上下文选项卡

在"图片工具"的"格式"上下文选项卡中分为调整、图片样式、排列和大小四个组，下面分别介绍这几个组的功能。

❶"调整"组

在"调整"组中可以对图片的色彩、亮度等方面进行设定，如表 1.3.1 所示。

表 1.3.1 "调整"组命令释义

按钮	功能
删除背景	删除和切取插入图像的一部分，不规则剪裁图形
更正	增加或者降低图片色彩的对比度和亮度
颜色	对图片重新着色（包括设置为透明色）
艺术效果	对图片设置不同的艺术效果
压缩图片	压缩文档中的图片以减小其尺寸
更改图片	更改为其他图片，但保存当前图片的格式和大小
重设图片	恢复图片初始设置

❷"图片样式"组

图片样式中预先设定好了多种图片格式，选定要编辑的图片，将指针停留在某一样式上以查看应用该样式时形状的外观，单击样式以应用。"图片样式"组命令如表 1.3.2 所示。

表 1.3.2 "图片样式"组命令释义

按钮	功能
图片边框	指定选定形状的颜色、宽度和线形
图片效果	对图片应用某种视觉效果，如三维、阴影等
图片版式	对图片应用某种版式效果，如图文组合、多图多样式组合

单击"图片工具—格式"选项卡→"图片样式"功能组→"图片版式"按钮，弹出"图片版式"列表框，如图 1.3.11 所示，可以设置图片的各种版式。

❸"排列"组

在"排列"组中可以选择图片在文档中的位置。选中图片，选择"图片工具—格式"选项卡中的"排列"组，单击"位置"下拉按钮，如图 1.3.12 所示，"位置"命令中预先设定好了多种文字环绕的图片格式，选定要编辑的图片，将指针停留在某一样式上以查看应用该样式时形状的外观，单击样式以应用。

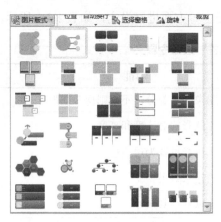

图 1.3.11 "图片版式"列表框

图 1.3.12 "位置"命令菜单

如果内设的位置样式还不能满足要求，可以自己设置图片的排列方式。"排列"组中其他命令如表 1.3.3 所示。

表 1.3.3 "排列"组命令释义

按钮	功能
自动换行	更改所选对象周围的文字环绕方式
对齐	将所选多个对象的边缘对齐
组合	将对象组合到一起，以便将其作为单个对象处理
旋转	旋转或翻转所选对象
上移一层	将所选对象置于其他所有对象的前面
下移一层	将所选对象置于其他所有对象的后面

通过设置图片的环绕方式能达到图文混排的目的，可以使图片与文字的排列恰到好处，从而使版面看起来既紧凑又美观。

选中图片，单击"格式"→"排列"→"自动换行"，弹出快捷菜单如图 1.3.13 所示，可选择"四周型环绕""紧密型环绕""穿越型环绕""浮于文字上方""浮于文字下方"

或"上下型环绕"，还可以选择"其他布局选项"来设置图片的环绕方式。

❹ "大小"组

要改变图片的大小，可以通过"大小"组中的按钮实现。"大小"组命令如表 1.3.4 所示。

表 1.3.4   "大小"组命令释义

按钮	功能
▦ 高度	更改图片或者形状的高度
▭ 宽度	更改图片或者形状的宽度

如果只希望截取所插入图片其中的一部分，与改变图片大小的方法类似，可以使用鼠标拖动裁剪。

选中图片，单击"大小"组中的"裁剪"按钮，并将鼠标指针指向图片的控点，按住鼠标左键沿裁剪方向拖动时出现一个虚框以表明被裁剪的范围。调整所需范围，松开鼠标左键。

被裁剪的图片部分并没有真正地被清除，只是被隐藏起来。如果要使被裁剪的图片部分重新显示出来，可以单击"大小"组中的"裁剪"按钮后，向相反方向拖动尺寸控点。

鼠标拖动裁剪后，图片显示与原图片大小不一样，如果要精确调整图片大小，可以选中图片，单击"大小"对话框启动器，弹出"布局"对话框，在"大小"选项卡中调整图片大小，单击"确定"按钮，如图 1.3.14 所示。

图 1.3.13   "文字环绕"命令菜单   图 1.3.14   "布局"对话框

2. 艺术字

艺术字是一个文字样式库，可以美化文档。Word 2010 通过艺术字编辑器来完成对艺术字的处理。在 Word 中，艺术字被当作了图形对象，因此可以将其作为一般的图形对象来对待。

（1）插入艺术字

确定要插入艺术字的位置，单击"插入"→"文本"组→"艺术字"，随即会弹出"艺术字库"下拉菜单，其中预设了多种艺术字版式如图 1.3.15 所示。

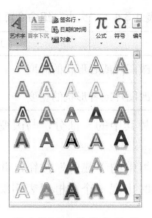

图 1.3.15　艺术字版式

在"艺术字库"版式库中选择一种艺术字样式，单击鼠标左键，文档光标位置处将显示出"编辑艺术字文字"对话框。在"文本"框中输入文字，艺术字就会被插入到光标所在的位置。

（2）编辑与修改艺术字

对创建完成的艺术字进行编辑与修改工作。选定艺术字后，系统会自动开启"绘图工具—格式"选项卡，如图 1.3.16 所示。

图 1.3.16　"绘图工具—格式"上下文选项卡

❶"文本"组

选中要修改的艺术字，点击"绘图工具—格式"选项卡"文本组"中的相应工具按钮，见表 1.3.5，可以对艺术字进行相应的文字设置。

表 1.3.5　"文本组"命令释义

按钮	功能
ⅢⅢ文字方向	编辑此艺术字的方向，可水平垂直及多角度显示
对齐文本	指定对行艺术字的对齐方式
创建链接	创建文本框的前向链接

❷ "艺术字样式"组

选中要修改的艺术字，单击"艺术字样式"组中的下拉按钮 ▾，弹出"艺术字库"菜单，可以重新选择艺术字字库中的形状。单击"艺术字样式"中的相应工具按钮（见表 1.3.6），可以对艺术字样式进行设置。

表 1.3.6　"艺术字样式"组命令释义

按钮	功能
文本填充	指定艺术字的颜色
文本轮廓	指定形状的轮廓的颜色、宽度和线型
文本效果	选择艺术字的整体形状

文本填充是填充艺术字字母的内部颜色。也可以向该填充添加纹理、图片或渐变。若要选择无颜色，请单击"无填充颜色"。

文本轮廓是艺术字的每个字符周围的外部边框。在更改文字的轮廓时，可同时调整线条的颜色、粗细和样式。

文本效果是指艺术字的整体形状，内设了如图 1.3.17 所示的 6 大类型，需要把艺术字更改为哪一种形状，只需单击相应图形即可。

要添加或更改阴影，选中要修改的艺术字，只需单击图 1.3.17 中的阴影选项，然后在内设的效果中单击所需的阴影。

三维效果可增加形状的深度。用户可以向形状添加内置的三维效果组合，也可以添加单个效果。要添加或更改三维效果，选中要修改的艺术字，单击"三维旋转"选项，然后在内设的效果中单击所需的阴影。

图 1.3.17　艺术字形状

3. 添加和编辑绘图

如果要插入文档中的不是现成的图片，而是需要自己绘制的图形，可利用 Word 提供的绘图应用程序实现这一目的。

Word 2010 中的"形状"命令提供了多种自选图形，利用这些自选图形可以绘制出常用的线段、箭头、规则和不规则的几何图形等基本形状，再根据需要对绘制的图形加以组合、重叠和旋转等，便可得到较为复杂的图形。

（1）插入形状

单击"插入"→"插图"组→"形状"按钮，从"形状"库中选择所需要的图形，将鼠标指针移到文档中适当的位置。当鼠标指针变为"十"字形时，再按下鼠标左键并拖动，一个所选的基本图形便出现了，当拖动到合适的大小时松开鼠标即可。

向 Word 文档插入图形对象时，可以将图形对象放置在绘图画布中。绘图画布在绘图和文档的其他部分之间提供了一条框架式的边界。在默认情况下，绘图画布没有背景或边框，但是如同处理图形对象一样，可以对绘图画布应用格式。绘图画布还能帮助用户将绘图的各个部分进行组合，这在图形由若干个形状组成的情况下尤其有用。

（2）编辑绘图

将形状插入到文档中时，系统会自动开启"绘图工具"的"格式"上下文选项卡，如图 1.3.18 所示。

图 1.3.18　"绘图工具—格式"选项卡

❶ "插入形状"组

在"插入形状"组中选择"编辑形状"命令，可以更改此绘图的形状，将其转换为任意多边形，或者编辑环绕点以确定文字环绕绘图的方式。

在绘制的图形中可以添加文字，或编辑已有的文字。选中形状单击鼠标右键，在弹出的快捷菜单中选择"编辑文字"，在图形中输入文字，完成后在形状以外任意位置单击鼠标。

❷ "形状样式"组

在"形状样式"组中，将指针停留在某一样式上以查看应用该样式时形状的外观，单击样式以应用；或单击"形状填充"或"形状轮廓"并选择所需的选项。"形状样式"组中的"形状效果"选项可以对图形设置阴影、三维等效果。

如果要应用"形状样式"组中未提供的颜色和渐变效果，请先选择颜色，然后再应用渐变效果。

（3）添加 SmartArt 图形

使用 SmartArt 图形，可以使用图表显示各种类型的关系。

在功能区的"插入"选项卡上的"插图"组中，单击"SmartArt"按钮，弹出"选择 SmartArt 图形"对话框，如图 1.3.19 所示。该对话框由三窗格视图组成：

❶ 最左边是 SmartArt 图形类别。顶端的类别是"全部"，允许用户浏览系统上所有可用的 SmartArt 图形变体。其他类别将相关的 SmartArt 图形变体放在诸如"线条"

"流程""循环""层次结构""关系""矩阵"和"棱锥图"等逻辑类型中。

❷ 中间的窗格显示的是特定类别下所有可用的变体。每个变体的缩略图很大，用户能够轻松准确地找到要找的图形。

❸ 最后一个窗格显示了用户所选 SmartArt 图形变体的更大的预览，以及指导性说明。

选择了要使用的 SmartArt 图形变体之后，单击"确定"按钮将插入到文档中。

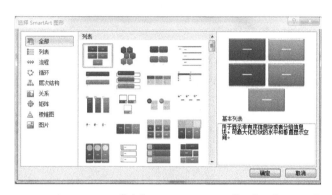

图 1.3.19   "选择 SmartArt 图形"对话框

4. 文本框

文本框实际上是一种图形对象，可以像图片那样被自由移动和缩放，也可以使用绘图工具栏对其内容进行修饰。文本框中除文字之外还可以插入图片。合理地使用文本框，可以使某些文字的编辑更加灵活。

（1）插入文本框

方法 1：单击"插入"→"文本"→"文本框"，弹出预设的文本框版式。选择一种版式，在插入点会自动插入选定样式的文本框。

方法 2：单击"插入"→"文本"→"文本框"，在弹出的菜单中选择"绘制文本框"或者"绘制竖排文本框"。将鼠标移到要绘制文本框的地方，当鼠标指针变为"十"字形时，移动鼠标，绘制大小合适的矩形后，松开鼠标，就在所需的位置插入了文本框。

（2）调整文本框

对于设置后的文本框，用户还可以对其进行格式上的调整。方法如下：

方法 1：选定要调整格式的文本框，在"绘图工具—格式"选项卡中可以设置相应格式。

方法 2：选定要调整格式的文本框，单击鼠标右键，在弹出的快捷菜单上方出现文本框设置选项栏，如图 1.3.20 所示。

图 1.3.20   文本框设置选项栏

其中，🎨 设置的是文本框内填充的颜色，如果选择"无颜色"，文本框内为透明色；✍设置的是文本框边框的颜色和线型，如果设置线条颜色为"无颜色"，则表示文本框没有边框线。

（3）竖排文本框数字和字母站立

竖排文本框中录入的数字和字母是横向的，要想让其与文字方向一致，选中需要设置的数字或者字母，点击"开始"→"段落"组→"中文版式"→"纵横混排"命令即可。

5. 插入公式

（1）插入常用的或预先设好格式的公式

单击"插入"→"符号"组→"公式"菜单，然后单击所需的公式，如图 1.3.21 所示。

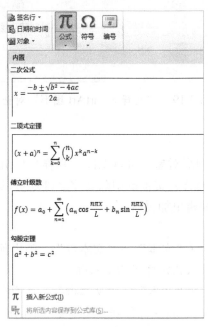

图 1.3.21　"公式"菜单

（2）插入常用数学结构

单击"插入"→"符号"组→"公式"→"插入新公式"。在"公式工具—设计"选项卡的"结构"组中，单击所需的结构类型（如分数或根式），如图 1.3.22 所示。如果结构包含占位符，则在占位符内单击，然后键入所需的数字或符号。公式占位符是公式中的小虚框，如 $\frac{\square}{2}$。

图 1.3.22　"公式工具—设计"选项卡

（3）公式工具

❶ "工具"组

在"工具"组中可以插入常见数学公式。

❷ "符号"组

"符号"组中列出了各种常用符号。单击"符号"组的下拉按钮 ▼ ，在"符号"组的标题栏中可以切换各种不同的符号，如图1.3.23所示。

图 1.3.23　"符号"组的标题栏菜单

❸ "结构"组

"结构"组中包含各种类型结构，如图1.3.24所示，单击"分数"按钮，弹出"分数"库，列出了各种分数的结构，点击相应的结构，就可以直接嵌入到公式编辑区。

图 1.3.24　"结构"组分数菜单

（4）公式编辑区

"插入"选项卡上的"符号"组中，用上述2种方法插入公式时，在文档的插入点位置会出现一个公式编辑区，公式在其中编辑，如图1.3.25所示。公式编辑完成以后，单击文档空白处退出公式编辑。

（5）将公式添加到常用公式列表中

方法1：选择要添加的公式。在"公式工具—设计"选项卡的"工具"组中，单击"公式"按钮。然后单击"将所选内容保存到公式库"按钮 $\blacksquare_{\pi}$。在"新建构建基块"对话框中，键入公式的名称，如图 1.3.26 所示。

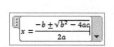

图 1.3.25　公式编辑区　　　　图 1.3.26　"新建构建基块"对话框

方法2：选择要添加的公式，单击鼠标右键选择"另存为新公式"，弹出"新建构建基块"对话框，设置保存。

【任务实施】

要完成图 1.3.1 所示的"电子板报"的制作，可分四个大的步骤开始制作板报。

完成该任务可分为四部分完成：一是报头，二是诗词文本框，三是 SmartArt 图形，四是数学家介绍。

1. 设计报头

（1）插入图形

新建一个空白文档，单击功能区的"插入"选项卡→"插图"→"形状"下拉按钮→"星与旗帜"→"上凸弯带形"，按下鼠标左键，拉动到合适大小后放开，效果如图 1.3.27 所示。

图 1.3.27　设计的报头

（2）编辑图形

选中"上凸弯带形"，单击"绘图工具—格式"选项卡→"形状样式"组→其他"样式"库，选择样式为"彩色轮廓 - 蓝色，强调颜色 1"，如图 1.3.28 所示。

再分别选择"上凸弯带形"，选择"绘图工具—格式"选项卡→"形状样式"组→"形状效果"下拉按钮→"发光"→"水绿色，18pt 发光，强调文字样色 5"。报头形状样式如图 1.3.29 所示，报头编辑效果如图 1.3.30 所示。

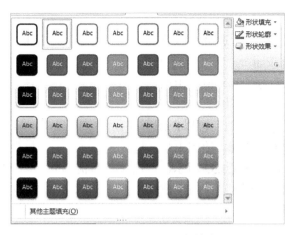

图 1.3.28　设置报头样式

图 1.3.29　设置报头形状样式

（3）插入艺术字

选中"插入"选项卡→"文本"组→"艺术字"下拉按钮→"填充 - 橙色，填充文字颜色 6，暖色粗糙棱台"，在文本区录入"学习"，字体设置为"华文行楷，50"。同样方法录入艺术字"园地"，如图 1.3.31 所示。

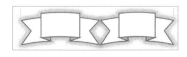

图 1.3.30　报头编辑效果

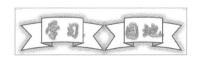

图 1.3.31　添加艺术字

（4）编辑艺术字

分别选中 2 个艺术字，选择"绘图工具—格式"选项卡，单击→"排列"组→"自动换行"下拉按钮→"浮于文字上方"，其中艺术字"学习"的阴影效果设置为"向右偏移"，然后分别移动到"上凸弯带形"的上方，如图 1.3.32 所示。

（5）组合形状

为了便于报头的整体移动，可以把图形和艺术字组合在一起。同时选中 2 个图形对象和 2 个艺术字对象，选择"绘图工具—格式"选项卡的"排列"组，单击"组合"按钮，选择"组合"，如图 1.3.33 所示，把这 4 个形状组合为一个整体。

选中这个组合图形，选择"图片工具—格式"选项卡，单击"排列"组中的"自动换行"下拉按钮，选择"四周环绕"。

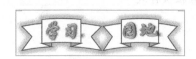

图 1.3.32　添加艺术字效果

图 1.3.33　组合图形命令

2. 设置文本框

（1）插入文本框

在功能区"插入"选项卡的"文本"组中，单击"文本框"下拉按钮，选择"绘制竖排文本框"，在报头下方，按住鼠标左键，拉出一个文本框，调整其位置和大小。

在其中录入《观书有感》诗词和诗词释义的内容。

其中《观书有感》诗词内容设置为楷体、小二、加粗；诗词释义的内容设置为楷体、12 号。

（2）编辑文本框

选中文本框，选择"绘图工具—格式"选项卡，单击"形状样式"组中的"形状轮廓"下拉按钮，选择主题颜色为"蓝色强调文字颜色 1"，粗细"1.5 磅"，线型"划线 - 点"；单击"排列"组中的"自动换行"下拉按钮，选择"四周环绕"，如图 1.3.34 所示。

图 1.3.34　竖排文字的文本框

（3）编辑诗词正文

在文本框下方，录入《观书有感》的作者介绍和诗词评论，设置字体为"楷体""小四"；

选中诗词评论部分，在功能区"页面布局"选项卡上的"页面设置"组中，单击"分栏"下拉按钮，选择"两栏"，如图 1.3.35 所示。

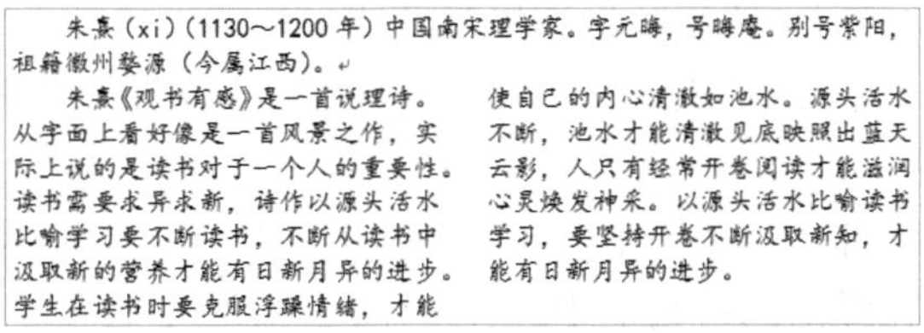

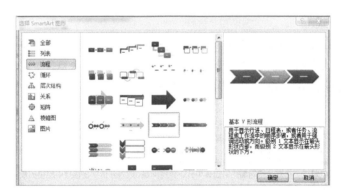

图 1.3.35　作者介绍和诗词评论部分的设计

3. 插入 SmartArt 图

（1）插入 SmartArt 图

把插入点定位在诗词正文下方，在功能区"插入"选项卡上的"插图"组中，单击"SmartArt"按钮，在弹出的"选择 SmartArt 图形"中选择"流程"中的"基本 V 形流程"，如图 1.3.36 所示。并调整 SmartArt 图图形和边框到合适大小。

图 1.3.36　插入 SmartArt 图

（2）编辑 SmartArt 图

❶ 录入文字

选择 SmartArt 图形左边的 ⫶ 按钮，在弹出的文本框中录入文字，如图 1.3.37 所示。录入完成以后，单击"关闭"按钮退出文本编辑状态。

图 1.3.37　在 SmartArt 图形中编辑文字

❷ 编辑 SmartArt 图

按住 ctrl 键不放，选中全部 SmartArt 图图块，选择"SmartArt 工具"的"格式"选项卡，单击"形状填充"下拉按钮，在弹出的菜单中选择"渐变"→"深色变体"→"中心辐射"。

单击"排列"组中的"自动换行"下拉按钮，选择"四周环绕"。

4. 编辑"数学家介绍"部分

（1）录入"数学家——傅立叶"的生平介绍

录入"数学家——傅立叶"的生平介绍的文字部分，文字设置为"宋体"、"小四"。

（2）设置"首字下沉"

把插入点放在这一部分第一段中，在功能区的"插入"选项卡上的"文本"组中，单击"首字下沉"，在弹出的对话框中选择"下沉"、"3 行"，如图 1.3.38 所示。

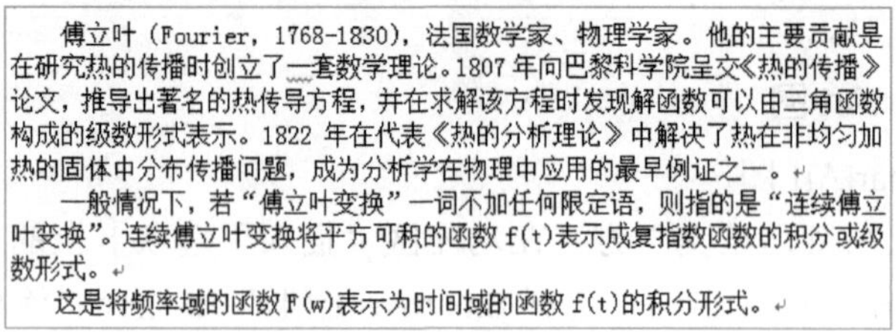

> 傅立叶（Fourier, 1768-1830），法国数学家、物理学家。他的主要贡献是在研究热的传播时创立了一套数学理论。1807 年向巴黎科学院呈交《热的传播》论文，推导出著名的热传导方程，并在求解该方程时发现函数可以由三角函数构成的级数形式表示。1822 年在代表《热的分析理论》中解决了热在非均匀加热的固体中分布传播问题，成为分析学在物理中应用的最早例证之一。
> 　　一般情况下，若"傅立叶变换"一词不加任何限定语，则指的是"连续傅立叶变换"。连续傅立叶变换将平方可积的函数 f(t) 表示成复指数函数的积分或级数形式。
> 　　这是将频率域的函数 F(w) 表示为时间域的函数 f(t) 的积分形式。

图 1.3.38　数学家——傅立叶介绍

（3）插入公式

把插入点放在第二段要插入公式的位置，在功能区"插入"选项卡上的"符号"组中，单击"公式"按钮，在弹出的菜单中选择"插入新公式"。在公式编辑区录入如图 1.3.39 所示的公式，并设置"居中"对齐。

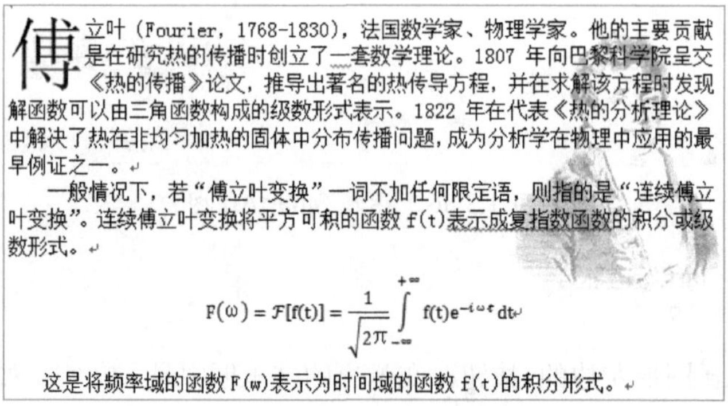

> **傅**立叶（Fourier, 1768-1830），法国数学家、物理学家。他的主要贡献是在研究热的传播时创立了一套数学理论。1807 年向巴黎科学院呈交《热的传播》论文，推导出著名的热传导方程，并在求解该方程时发现函数可以由三角函数构成的级数形式表示。1822 年在代表《热的分析理论》中解决了热在非均匀加热的固体中分布传播问题，成为分析学在物理中应用的最早例证之一。
> 　　一般情况下，若"傅立叶变换"一词不加任何限定语，则指的是"连续傅立叶变换"。连续傅立叶变换将平方可积的函数 f(t) 表示成复指数函数的积分或级数形式。
>
> $$F(\omega) = \mathcal{F}[f(t)] = \frac{1}{\sqrt{2\pi}} \int_{-\infty}^{+\infty} f(t) e^{-i\omega t} dt$$
>
> 　　这是将频率域的函数 F(w) 表示为时间域的函数 f(t) 的积分形式。

图 1.3.39　插入公式及图片

（4）插入并编辑图片

把插入点放在文中任意位置，在功能区"插入"选项卡上的"插图"组中，单击"图片"按钮，在弹出的对话框中选择要插入图片的来源。

选中插入的图片，选择"绘图工具—格式"选项卡，单击"排列"组中的"位置"下拉按钮，选择"衬于文字下方"，并调整图形位置到该部分的右上角，如图 1.3.39 所示。

【能力拓展】

1. 正确录入以下文字，完成后面的要求。

　　继2003年中国"神舟"五号载人飞船成功发射后，今天，如果一切正常，"神舟"六号也将发射升空，中国人的太空探索再续征程。

　　这是代表中国科技和经济领域的境界和实力的巨型航天工程，让人同时关注的是，"神舟"六号飞天，随着中国人的太空梦想不断实现和延伸，中华民族精神文化也将在这种梦想的坚韧追求与伟大实现中，塑造出富于梦想与创造力的太空文化因子，并因此使整个国家更具创造活力。

　　"神舟"六号升空，中国航天事业的飞速发展，将大大有助于塑造我们的太空文化。未来的太空电影中拯救世界、与外星人较量的英雄，无疑会有黑头发、黑眼睛的龙的传人；流行音乐中，将会更多地响起"神舟"启发而来的天籁；而中国人也将学会运用东方的方式，向全世界反映人类对太空探索的多重情感。

五角星

　　"神舟"促使我们整个民族站到了星空下，太空文化的普及与发展，将为我国航天事业不断发展创造深厚的文化环境；更重要的是，"望天"与"问天"，最能激发滋养现代人的想象力、创造性和纯粹求知精神，这将成为我们民族精神的新因子，为社会发展带来持续的精神、文化活力。

要求：

（1）给本段短文添加艺术字标题"神六飞天"；

（2）第一段首字下沉，2行；其余段落首行缩进2个字符；

（3）给第三段文字添加一个边框，蓝色，并设置黄色底纹；

（4）第四段分栏，3栏，有分隔线；

（5）绘制一个五角星（如右图），将其填充为红色，设定形状效果为阴影向右偏移，并添加文字"五角星"，四周环绕；

（6）设置文中每个段落间距为1.5行；

（7）给页面添加图片水印（图片自定）；

（8）保存在指定文件夹中，文件名为"航天事业"。

2. 正确录入以下文字，完成后面的要求。

奥运五环是国际奥委会的官方专用标志。

奥林匹克运动五环徽记是"奥运之父"法国顾拜旦男爵亲自构思和设计的。1914年，巴黎第六次国际奥运会上，顾拜旦首次展示他的设计和构思五环图案的意义，五个圆环的蓝色、黑色、黄色、绿色、红色象征世界上承认奥林匹克运动，并准备参加奥林匹克竞赛的五大洲，也是因为它包括了当时奥运会所有参加国国旗的颜色。

朴素的白色背景寓意着和平。

五种颜色从左到右分别是：上方三个蓝、黑、红，下方黄和绿。1979 年 6 月国际奥委会在其出版的《奥林匹克杂志》上作了一次权威性的阐述：根据奥运会宪章，五环象征五大洲的团结，象征着全世界的运动员以公正、坦率的比赛和友谊的精神在奥林匹克运动会上相聚。

要求：

（1）给本段短文添加艺术字标题"奥运知识"；

（2）第二段首字下沉，2 行；其余段落首行缩进 2 个字符；

（3）第四段分栏，3 栏，有分隔线；

（4）插入一幅适合的图片，衬于文字下方；

（5）设置文中行距为 2 倍行距；

（6）给页面添加艺术型边框；

（7）给页面添加背景（颜色自定）；

（8）保存在指定文件夹中，文件名为"奥运知识"。

3. 录入以下公式保存在指定文件夹中，文件名为"公式"。

$$\lg \sqrt[m]{a^n} = \frac{n}{m} \lg a$$

$$\sin^2 \theta + \cos^2 \theta = 1$$

$$s = \frac{1}{n} \sum_{i=1}^{n} (x_i - 1)$$

4. 绘制以下图形，并组合在一起，保存在指定文件夹中，文件名为"绘制图形"。

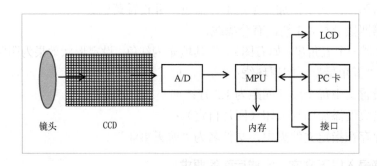

任务 1.4 表格制作——班级情况日报表设计

Word 文档可以非常方便地插入和制作表格，特别是比较复杂的表，并且对表格进行格式化和简单计算。

【任务描述】

李老师为了解学院学生上课情况，需要制作一张班级情况日报表，如图 1.4.1 所示。完成以下表格制作，需调整表格行、列间距，合并单元格；添加下划线；设置外边框线。

本次任务需插入表格、调整表格行、列间距，合并单元格；添加下划线；设置外边框线。

重庆工程职业技术学院

班级情况日报表

专业班级　　　　第　　周星期　　　　年　　月　　日

尊敬的老师：如果在您上课期间，有同学缺课或存在其他违纪情况，请填写在下表中，以便我们及时教育学生，共同引导学生顺利成才。谢谢您的配合！		
节次	缺课学生姓名及原因和其他违纪情况	任课教师签名
一		
二		
三		
四		
五		
其他方面情况		
项目	缺勤情况	班干部签字
晚自习		学习委员__________
就寝		治保委员__________
今日要事及处理纪要		
班长（签字）__________		班主任（签字）__________
学院（签字）__________		学生处（签字）__________
备注	1、此表在次日上午 10:00 由班长交所在系； 2、班长负责核实所填事项； 3、班主任老师应及时处理所反映问题。	

图 1.4.1　班级日报表

【相关知识】

表格是一种简明、概要的表达方式。其结构严谨，效果直观，往往一张表格可以代替许多说明文字。因此，在文档编辑过程中，常常要用到表格。

1.4.1　创建表格

1. 使用"快速表格"插入表格

表格模板包含示例数据，可以帮助用户预览添加数据时表格的外观。将光标移动到要插入表格的位置，单击"插入"选项卡→"表格"组→"表格"下拉菜单→"快速表格"，单击需要的模板，如图 1.4.2 所示，再直接替换模板中的数据。

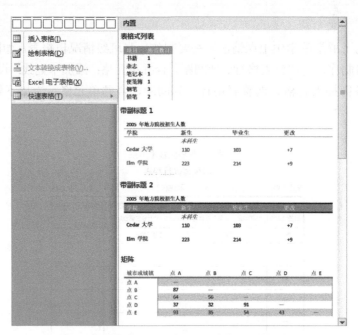

图 1.4.2　快速表格菜单

2. 使用"表格"菜单

将光标移动到要插入表格的位置，单击"插入"选项卡→"表格"组→"表格"，然后在"插入表格"下，拖动鼠标以选择需要的行数和列数。如图 1.4.3 所示，在文档中会出现一个 3 行 6 列的表格。

用这种方法插入表格十分简单，但美中不足的是，表格的格式一成不变，尤其是较长的表格会受到屏幕大小的限制。

3. 使用"插入表格"命令

"插入表格"命令可以在将表格插入文档之前，选择表格尺寸和格式。

将光标移动到要插入表格的位置，单击"插入"选项卡→"表格"组→"表格"→"插入表格"，弹出"插入表格"对话框，如图 1.4.4 所示。在"表格尺寸"区域下，输入列数和行数。在"'自动调整'操作"区域下，选择选项以调整表格尺寸。

图 1.4.3　插入表格菜单图　　　　图 1.4.4　"插入表格"对话框

4．绘制表格

用户可以绘制包含不同高度的单元格的表格或每行列数不同的表格时。将光标移动到要插入表格的位置，单击"插入"选项卡→"表格"组→"表格"→"绘制表格"。此时指针会变为铅笔状。绘制一个矩形定义表格的外边界，在该矩形内绘制行列线。

绘制完表格以后，在单元格内单击，开始键入或插入图形。要擦除一条线或多条线，可在"表格工具—设计"选项卡的"绘图边框"组中，单击"擦除"▦按钮，再单击要擦除的线条。

5．文本与表格互换

（1）将文本转换成表格

在文本中插入分隔符（例如逗号或制表符），以指示将文本分成列的位置。使用段落标记指示要开始新行的位置。

选择要转换的文本。单击"插入"选项卡→"表格"组→"表格"→"文本转换成表格"。在"文本转换成表格"对话框的"文字分隔位置"下，单击要在文本中使用的分隔符对应的选项。在"列数"框中，选择列数。

（2）将表格转换成文本

选择要转换成段落的行或表格。单击"表格工具"→"布局"选项卡→"数据"组→"转换为文本"。在"文字分隔位置"下，单击要用于代替列边界的分隔符对应的选项。

> **注意**
>
> 　　包含在其他表格内的表格称作嵌套表格，常用于设计网页。如果将网页看作一个包含其他表格的大表格（文本和图形包含在不同的表格单元格内），用户可以设计页面不同部分的布局。可以通过在单元格内单击，然后使用任何插入表格的方法来插入嵌套表格，或者可以在需要嵌套表格的位置绘制表格。

1.4.2　设置表格

1. 选定表格

（1）移动光标

用鼠标在表格中移动光标十分简单，将光标移动到所选定的单元格内单击即可，也可以使用快捷键在表格中移动光标，如表 1.4.1 所示。

表 1.4.1　表格快捷键

按钮	功能
Tab	可以从一个单元格移至后一单元格
Shift+Tab	可将光标从后一单元格移至前一单元格
↑	将光标移至上一行
↓	将光标移至下一行
Alt+Home	将光标移至本行第一个单元格
Alt+End	将光标移至本行最后一个单元格
Alt+PageUp	将光标移至本列第一个单元格
Alt+PageDown	将光标移至本列最后一个单元格

（2）选定表格

❶ 鼠标选择

将鼠标置于表格的左侧，出现斜向箭头 ↗，单击鼠标，可选定鼠标箭头所指向的一行；

将鼠标置于表格的顶端边界处，使鼠标变成一个向右上斜指的箭头形状 ↗，单击鼠标，可选该单元格；

如果将鼠标置于表格左上角，鼠标的形状变为一个带箭头的十字状 ⊞，单击鼠标则可选定整个表格；

将鼠标置于表格的上方，出现向下箭头 ↓，单击鼠标，可选定鼠标箭头所指向的一列。

❷ 菜单选择

在表格内单击鼠标，单击"表格工具—布局"选项卡→"表"组→"选择"下拉菜单→"选择单元格""选择列""选择行"或"选择表格"命令，也可以分别选择一个单元格或一列、一行、选定整个表格，如图 1.4.5 所示。

2. 插入行、列和单元格

在表格制作过程中，常常会遇到计算不够精确，以至于所制表格行、列或单元格的数目不准确的情况。这时，可以在表格中插入或删除行、列或单元格。

（1）在上方或下方添加一行

在要添加行处的上方或下方的单元格内单击，在"表格工具—布局"选项卡上，如图 1.4.6 所示，执行下列操作之一：

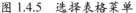

图 1.4.5　选择表格菜单

图 1.4.6　"行和列"组命令

- 要在单元格上方添加一行，单击"行和列"组中的"在上方插入"按钮。
- 要在单元格下方添加一行，单击"行和列"组中的"在下方插入"按钮。

（2）在左侧或右侧添加一列

在要添加列处的左侧或右侧的单元格内单击，在"表格工具—布局"选项卡上，执行下列操作之一：

- 要在单元格左侧添加一列，单击"行和列"组中的"在左侧插入"按钮。
- 要在单元格右侧添加一列，单击"行和列"组中的"在右侧插入"按钮。

（3）添加单元格

在要插入单元格处的右侧或上方的单元格内单击。

在"表格工具—布局"选项卡→"行和列"组的对话框启动器→"插入单元格"对话框中，单击下列选项之一，各选项释义如表 1.4.2 所示。

表 1.4.2　"插入单元格"对话框命令释义

命令	功能
活动单元格右移	插入单元格，并将该行中所有其他的单元格右移
活动单元格下移	插入单元格，并将现有单元格下移一行，表格底部会添加一新行
整行插入	在用户单击的单元格上方插入一行
整列插入	在用户单击的单元格左侧插入一列

3. 删除行、列和单元格

（1）删除行

单击要删除的行的左边缘选择该行，单击"表格工具—布局"选项卡→"行和列"组→"删除"→"删除行"，如图 1.4.7 所示。

（2）删除列

单击要删除的列的上网格线或上边框选择该列，单击"表格工具"→"布局"选项卡→"行和列"组→"删除"→"删除列"。

（3）删除单元格

单击要删除的单元格的左边缘选择该单元格，单击"表格工具"→"布局"选项卡→"行和列"组→"删除"→"删除单元格"，会弹出如图 1.4.8 所示的对话框，单击选择相应选项。

图 1.4.7　删除菜单　　　　图 1.4.8　"删除单元格"对话框

4．删除表格

（1）删除表格及其内容

单击选中整个表格→"表格工具—布局"选项卡→"行和列"组→"删除"→"删除表格"。

（2）清除表格内容

在"开始"选项卡上的"段落"组中，单击"显示/隐藏"，选择要清除的项，按 Delete 键，即清除了表格中的内容，而保留表格本身。

5．合并和拆分单元格

（1）合并单元格

用户可以将同一行或同一列中的两个或多个表格单元格合并为一个单元格。

通过单击单元格的左边缘，然后将鼠标拖过所需的其他单元格，可以选择要合并的单元格。单击"表格工具—布局"选项卡→"合并"组→"合并单元格"，如图 1.4.9 所示。

（2）拆分单元格

用户可以将同一行或同一列中的一个单元格拆分为两个或多个表格单元格。

在单个单元格内单击，或选择多个要拆分的单元格。单击"表格工具—布局"选项卡→"合并"组→"拆分单元格"→输入列数或行数，如图 1.4.10 所示。

图 1.4.9 "合并"组

图 1.4.10 "拆分单元格"对话框

6. 拆分表格

在 Word 中不但可以拆分单元格，还可以拆分整个表格。拆分表格就是将一个表拆分成两个独立的表格，各部分之间均可插入文字和图形。

插入点移到要作为新表格的第一行的位置，单击"表格工具—布局"选项卡→"合并"组→"拆分表格"。

7. 绘制斜线表头

在使用表格时，经常需要在表头（第一行的第一个单元格）绘制斜线，这时用户可以用"设计"选项卡上"绘制边框"组中的命令绘制斜线表头。

8. 调整表格的列宽和行高

在使用表格的过程中，随时需要调整行高和列宽，以适应不同表格的内容。调整表格行高和列宽的方法有以下 3 种。

（1）利用"单元格大小"组调整列宽和行高

选择"表格工具—布局"选项卡→"单元格大小"组，如图 1.4.11 所示。

图 1.4.11 "单元格大小"组

● 自动调整：根据窗口或者内容自动调整单元格大小。

单击"自动调整"，会弹出下拉菜单，有 3 个功能选项，各项功能如表 1.4.3 所示。

表 1.4.3 自动调整表格菜单项的功能

菜单项	功能
根据内容调整表格	根据单元格内容的多少调整单元格的大小
根据窗口调整表格	根据单元格内容的比例和窗口的长度调整单元格的大小
固定列宽	保持列宽不变，若增减单元格内容则调整行高

● 高度：设置所选单元格的高度。

● 宽度：设置所选单元格的宽度。

● 行高：在所选行之间平均分布高度。

● 列宽：在所选列之间平均分布宽度。

（2）"表格属性"对话框

单击"表格工具—布局"选项卡→"单元格大小"对话框启动器→打开"表格属性"对话框。在"表格属性"对话框中可以分别设置表格、行、列和单元格的尺寸和对齐方式，如图 1.4.12 所示。

图 1.4.12　"表格属性"对话框

（3）使用鼠标调整列宽和行高

将鼠标指针指向表格中要调整列宽的表格边框线上，使鼠标指针变成 形状。此时按下鼠标左键拖动边框至所需要的位置即可。

使用鼠标调整行高时，同样应先将指针指向需要调整行的下边框，然后拖动至所需要的位置即可。

9. 复制和删除表格

复制表格：对表格可以全部或者部分地复制。选中要复制的单元格，单击"复制"按钮。把光标定位到要复制表格的地方，最后单击"粘贴"按钮即可。

删除表格：选中要删除的表格或单元格，按一下【Backspace】键。若删除的是单元格则会弹出一个"删除单元格"对话框，选择合适的选项，然后单击"确定"按钮即可。

1.4.3　表格格式化

表格格式化与段落的设置很相似，也有对齐、底纹和边框等的修饰。

1. 设置表格的边框和底纹

（1）添加表格边框

方法 1：选中要设置边框的表格或者单元格，单击"表格工具—设计"选项卡→"绘图边框"组→"笔样式""笔画粗细""笔颜色"命令，设置表格边框线型的样式、线型和颜色，如图 1.4.13 所示。

方法2：单击"表格工具—设计"选项卡→"表格样式"组→"边框"下拉菜单→"边框和底纹"→"边框和底纹"对话框→"边框"选项卡，如图 1.4.14、图 1.4.15 所示。

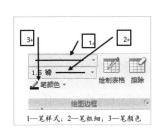

图 1.4.13　"绘图边框"组　　　　　　　图 1.4.14　"绘图边框"组

图 1.4.15　"边框和底纹"对话框

在"设置"区内选中所需要的边框形式，在预览区内将显示表格边框线的效果。如果需要的话，可以单击预览区周围的按钮来增加或减少表格的边框线。

在"样式"列表框中选择表格边框线的类型。在"宽度"列表框中改变线的宽度。在"颜色"列表框中可以选择边框线的颜色。

在"应用范围"列表框中选择"表格"，设置完成后单击"确定"按钮。

（2）添加表格底纹

如果要给表格添加底纹，方法如下：

方法1：选定要设置底纹的单元格→"表格工具—设计"选项卡→"表格样式"组

→"底纹"下拉命令按钮，选择相应颜色作为底纹。

方法 2：如图 1.4.15 所示，选择"边框和底纹"对话框中的"底纹"选项卡。

在"填充"区中选定要填充单元格的样式；在"图案"区选定需要的图案。

在"应用范围"内选定应用区域。选择"单元格"，则底纹将应用于选定的单元格上。选择"表格"，则底纹将应用于整个表格上；选择"段落"，则底纹将应用于插入点所在的段落。最后单击"确定"按钮。

（3）表格自动套用格式

Word 2010 为用户提供了"表格自动套用格式"的功能。

将光标定位在需要插入表格的位置。选择"表格工具—设计"选项卡，把鼠标移动到"表格样式"组中内设的表样式，查看表格的样式，从而选择满意的表格样式。

若要修改表格自动套用格式，选择"表格工具—设计"选项卡中的"表格样式选项"组中的命令，如图 1.4.16 所示，可以选择或者取消各种格式。

2. 单元格的排列方式

在 Word 2010 中不仅可以对单元格进行对齐方式的调整，而且可以对表格进行对齐方式的设置。方法如下：

方法 1：将光标定位在需要调整对齐方式的表格中，单击"表格工具—布局"选项卡→"对齐方式"→文字的各种对齐方式和文字方向，如图 1.4.17 所示。

图 1.4.16　"表格样式选项"组

图 1.4.17　"对齐方式"组

方法 2：将光标定位在需要调整对齐方式的表格中，单击右键→"表格属性"→"表格属性"对话框→"表格"选项卡。

在"尺寸"选项组中，用户可以调整整个表格的宽度。"对齐方式"选项组中，用户可以根据需要选择合适的对齐方式。若用户需要调整文字的环绕方式，则可在"文字环绕"选项组中选择环绕方式，如图 1.4.18 所示。

在"表格属性"对话框中"单元格"选项卡中可以设置文字字号和文字在单元格中的垂直对齐方式，如图 1.4.19 所示。

> 📢 注意
>
> Microsoft Word 能够依据分页符自动在新的一页上重复表格标题。如果在表格中插入了手动分页符，则 Word 无法重复表格标题。

图 1.4.18　"表格属性"对话框"表格"选项卡

图 1.4.19　"表格属性"对话框"单元格"选项卡

3. 在表格前插入文本

在位于文档第一页第一行的表格前插入空行。

在表格第一行左上角的单元格中单击。如果该单元格内包含文本，请将插入点置于文本前，按【Enter】键后，就可以在表格前键入所需的文本。

4. 标题行重复

当处理大型表格时，它将被分割成几页。可以对表格进行调整，以便确认表格标题显示在每页上。在页面视图中或打印文档时看到重复的表格标题。

选择一行或多行标题行。选定内容必须包括表格的第一行。单击"表格工具—布局"选项卡→"数据"组→"重复标题行"即可。

1.4.4 表格计算

在日常的工作或生活中，经常要将表格中的内容按照一定的规律进行排序和计算。Word 2010 提供了这样的功能，使得用户可以很方便地在 Word 中完成计算功能。

1. 表格的引用编号

同 Excel 一样，Word 表格中的每个单元格都对应着一个唯一的引用编号。编号的方法是以 1，2，3，……代表单元格所在的行，以字母 A，B，C，D，……代表单元格所在列。例如第 1 行为 1，第 2 行为 2，依次类推；第 1 列为 A，第 2 列为 B，依次类推，如图 1.4.20 所示。

↵	A↵	B↵	C↵	D↵
1↵	a1↵	b1↵	c1↵	d1↵
2↵	a2↵	b2↵	c2↵	d2↵

图 1.4.20　表格的引用编号示例

2. 表格中单元格的引用

图 1.4.21 列出了几种不同的单元格的引用方法。

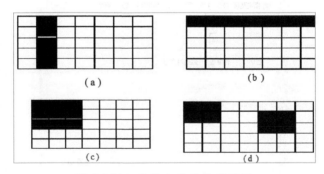

图 1.4.21　表格中单元格的引用

在图（a）中，对整列引用的方法是 B:B 或 B1:B5。
在图（b）中，对整行引用的方法是 1:1 或 A1:G1。
在图（c）中，对连续单元格引用的方法是 A1:C3 或 1:1，3:3。
在图（d）中，对分散的连续单元格引用的方法是 A1:B2，E2:F3。

3. 表格数据计算

了解了表格中对与单元格的引用方式后，就可以计算表格中的数据。

在表格中利用数学公式计算数值的方法如下：

将插入点放在保存结果的单元格中。选择"表格工具—布局"选项卡→"数据"组→"公式"命令 f_x →"公式"对话框，如图 1.4.22 所示。

在"公式"对话框中输入所需要的公式。公式的开始应先输入"="，例如"=SUM（b2:e3）"表示求第 2 列的第 2 个单元格到第 5 列的第 3 个单元格的总和。

AVERAGE 函数则可以对单元格求算术平均值，例如"=AVERAGE（above）"表示对上方的所有单元格求平均值。

也可以利用"粘贴函数"下拉列表，在其中选择所需要的函数，如图 1.4.23 所示。然后单击"确定"按钮就可以求出结果，并将结果放入到插入点所在的单元格中。

图 1.4.22　"公式"对话框　　　　　图 1.4.23　"粘贴函数"列表

4. 表格数据的排序

Word 2010 提供了强大的排序功能，使得用户可以方便地对选定的表格进行数据排序。

将插入点置于要进行排序的表格中，选择"表格工具—布局"选项卡→"数据"组→"排序"命令→"排序"对话框，如图 1.4.24 所示。

在"主要关键字"下拉列表中框中选择第一个排序的依据。在"类型"对话框中，选定排序的方法。选定排序顺序，选择"升序"选项，进行升序排序；选择"降序"选项，进行降序排序。

如果需要设置其他的排序依据，则可在"次要关键字"下拉列表中框中选择用于排序的其他依据，并确定排序类型和顺序。当排序的关键字为多个时，在排序的时候首先考虑"主要关键字"的值。当"主要关键字"的值相同时按照"次要关键字"的值确定排序的顺序。

在"列表"区，可以选择所选表格是否有标题行，如果选择"有标题行"，则表格第一行不参与排序。

单击"选项…"按钮会弹出"排序选项"对话框。在此对话框中，用户可以根据自己的需要设置"分隔符""排序选项"及"排序语言"，如图 1.4.25 所示。设置完成后依次单击"确定"按钮就可以看到排序的效果。

图 1.4.24　"排序"对话框　　　　　图 1.4.25　"排序选项"对话框

🔍 **【任务实施】**

李老师分步完成了班级日报表的制作，具体操作如下。

1. 页面设置

首先设置页面边距，点击"页面布局"选项卡→"页面设置"组→"页边距"→"自定义边距"，弹出如图 1.4.26 所示的"页面设置"对话框。将页面上下边距设定为 1.5 厘米，左右边距设定为 2 厘米。

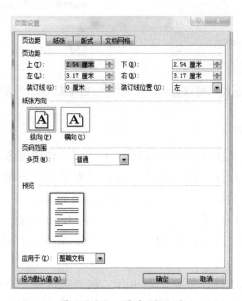

图 1.4.26　页边距设置

2. 标题

分别输入标题"重庆工程职业技术学院""班级情况日报表"，字体为宋体，小二加粗，居中。输入"专业班级第周星期年月日"，字体宋体，四号。并设置为居中，调整字符间距如图 1.4.27 所示。

图 1.4.27　输入表头

3. 插入表格

选择"插入"选项卡→"表格"组→"表格"命令下拉菜单→"插入表格"，弹出"插入表格"对话框，如图 1.4.28 所示，在表格尺寸区录入列数为 3 列，行数为 15 行，点击"确定"按钮，在文档中生成一个 3 列 15 行的表格。

4．设置单元格

（1）调整单元格列、行间距

调整单元格列间距，选中单元格第一列，在"表格工具—布局"选项卡中，选择"单元格大小"组中的"宽度"输入数据"2.5 厘米"，如图 1.4.29 所示。同样方法设置单元格第 2、3 列间距分别为 11 厘米、3.5 厘米；同理设置表格第 1、15 行的行间距为 2 厘米，第 3~7 行的行间距为 1.5 厘米，第 13~14 行的行间距为 2.5 厘米，其余行间距为 1 厘米。

图 1.4.28　"插入表格"对话框　　　　图 1.4.29　单元格列间距设置

（2）合并单元格

选中表格的第一行，在"表格工具"的"布局"选项卡中，选择"合并"组中的"合并单元格"，将表格的第 1 行合并在一起。使用同样的方法，将表格第 8、12 行分别合并，对表格 13~15 行后两列分别合并单元格。

选中表格第 13 行，在"表格工具—布局"选项卡中，选择"单元格大小"组中的"分布列"按钮，使得所选列均匀分布，效果如图 1.4.30 所示。

5．输入内容

（1）为表格各单元格录入文字。在"开始"选项卡"字体"组中设置表格内字体为宋体、小四。

（2）选中单元格第 2~12 行、第 15 行第一列内容，在"表格工具—布局"选项卡的"对齐方式"组中，选择"水平居中"按钮。第 13~14 行设置为"靠下居中对齐"。第 1、15 行则设置为"中部两端对齐"。其中第 10、11 行的第 3 列分别设置为在"中部两端对齐"。

（3）选中第一行内容，在"开始"选项卡→"段落"组→"行和段落间距"，设定段间距为 1.5；第 13~14 行内容设置段后距离 0.5 磅。

（4）选中第 9 行第 3 列左侧边框，当鼠标指针呈现双竖线时，按住鼠标左键向左拖动 1.25 厘米，如图 1.4.31 所示。

（5）选中第 10 行第 3 列，在"学习委员"后添加下划线，英文输入法状态下按住【Shift】+【_】输入，共单击下划线【_】12 次。同样方法设置第 11 行第 3 列、第 13~14 行各列内容，如图 1.4.32 所示。

图 1.4.30　合并单元格　　　　图 1.4.31　手动调整单元格边框位置

图 1.4.32　表格内容输入

6. 边框设置

为了使表格更加美观，给表格设置内外不同的边框。

点击表格左上方的"全选"按钮，在"表格工具—设计"选项卡的"绘图边框"组中，设置“笔画粗细”数值为 1.5 磅，在“表格样式”组“边框”选项下拉菜单中选择“外侧边框”，如图 1.4.33 所示。

重庆工程职业技术学院

班级情况日报表

专业班级　　　　　　第　　周星期　　　　　　年　月　日

<table>
<tr><td colspan="4">尊敬的老师：如果在您上课期间，有同学缺课或存在其他违纪情况，请填写在下表中，以便我们及时教育学生，共同引导学生顺利成才，谢谢您的配合！</td></tr>
<tr><td>节次</td><td colspan="2">缺课学生姓名及原因和其他违纪情况</td><td>任课教师签名</td></tr>
<tr><td>一</td><td colspan="2"></td><td></td></tr>
<tr><td>二</td><td colspan="2"></td><td></td></tr>
<tr><td>三</td><td colspan="2"></td><td></td></tr>
<tr><td>四</td><td colspan="2"></td><td></td></tr>
<tr><td>五</td><td colspan="2"></td><td></td></tr>
<tr><td colspan="4">其他方面情况</td></tr>
<tr><td>项目</td><td colspan="2">缺勤情况</td><td>班干部签字</td></tr>
<tr><td>晚自习</td><td colspan="2"></td><td>学习委员__________</td></tr>
<tr><td>就寝</td><td colspan="2"></td><td>治保委员__________</td></tr>
<tr><td colspan="4">今日要事及处理纪要</td></tr>
<tr><td colspan="2">班长（签字）__________</td><td colspan="2">班主任（签字）__________</td></tr>
<tr><td colspan="2">学院（签字）__________</td><td colspan="2">学生处（签字）__________</td></tr>
<tr><td>备注</td><td colspan="3">1、此表在次日上午 10:00 由班长交所在系；
2、班长负责核实所填事项；
3、班主任老师应及时处理所反映问题。</td></tr>
</table>

图 1.4.33　边框设置效果图

7. 保存文档

把该文档保存在指定文件夹中，文件名为“班级情况日报表”。

【能力拓展】

1. 用 Word 制作如图 1.4.34 所示的表格，并完成后面的要求。

要求：

（1）完成表格制作，需要合并单元格、绘制斜线表头；

（2）设置外边框为双线、内边框为单线，并设置底纹；

（3）进行求和及求平均计算，并按总分高低排序；

（4）将表格保存在指定文件夹中，文件名为“成绩表”。

<table>
<tr><td colspan="9">期末成绩表</td></tr>
<tr><td>班级：</td><td>高（2）班</td><td colspan="2">人数（人）：</td><td>11</td><td colspan="2">班主任</td><td colspan="2">张晋</td></tr>
<tr><td>科目
成绩
姓名</td><td>数学</td><td>语文</td><td>英语</td><td>物理</td><td>化学</td><td>总分</td><td>平均分</td><td></td></tr>
<tr><td>王小东</td><td>96</td><td>95</td><td>94</td><td>98</td><td>79</td><td></td><td></td><td></td></tr>
<tr><td>陈馨佳</td><td>87</td><td>87</td><td>59</td><td>89</td><td>96</td><td></td><td></td><td></td></tr>
<tr><td>刘超一</td><td>98</td><td>96</td><td>86</td><td>56</td><td>78</td><td></td><td></td><td></td></tr>
<tr><td>徐亮</td><td>78</td><td>75</td><td>73</td><td>84</td><td>85</td><td></td><td></td><td></td></tr>
<tr><td>李锴</td><td>83</td><td>84</td><td>78</td><td>68</td><td>79</td><td></td><td></td><td></td></tr>
<tr><td>张子非</td><td>75</td><td>74</td><td>72</td><td>76</td><td>87</td><td></td><td></td><td></td></tr>
<tr><td>李洋洋</td><td>76</td><td>87</td><td>72</td><td>43</td><td>86</td><td></td><td></td><td></td></tr>
<tr><td>王明洁</td><td>78</td><td>76</td><td>58</td><td>59</td><td>62</td><td></td><td></td><td></td></tr>
<tr><td>赵致</td><td>56</td><td>89</td><td>65</td><td>97</td><td>21</td><td></td><td></td><td></td></tr>
<tr><td>李岩</td><td>76</td><td>74</td><td>54</td><td>62</td><td>53</td><td></td><td></td><td></td></tr>
<tr><td>王娜</td><td>19</td><td>48</td><td>59</td><td>78</td><td>79</td><td></td><td></td><td></td></tr>
<tr><td>总分</td><td></td><td></td><td></td><td></td><td></td><td></td><td></td><td></td></tr>
<tr><td>平均分</td><td></td><td></td><td></td><td></td><td></td><td></td><td></td><td></td></tr>
</table>

图 1.4.34　班级期末成绩表

2. 制作如图 1.4.35 所示的表格，并完成后面的要求。

××大学 2009 年报考攻读硕士学位研究生

体 格 检 查 表

要求：

<table>
<tr><td>姓名</td><td></td><td>性别</td><td></td><td>出生日期</td><td colspan="3">年月日</td><td rowspan="5">一寸半身
正面免冠
照片

（骑缝章）</td></tr>
<tr><td>文化程度</td><td></td><td>民族</td><td></td><td>职业</td><td></td><td>婚否</td><td></td></tr>
<tr><td>籍贯</td><td colspan="3"></td><td>原毕业学校</td><td colspan="3"></td></tr>
<tr><td>通讯地址
联系电话</td><td colspan="7"></td></tr>
<tr><td>既往病史</td><td colspan="7">心脏病、肾炎、肝炎、关节炎、哮喘、精神病、癫痫、肺结核、肿瘤、其他</td></tr>
<tr><td colspan="9">以上由考生本人如实填写</td></tr>
</table>

<table>
<tr><td rowspan="7">五
官
科</td><td rowspan="4">眼</td><td rowspan="2">裸眼视力</td><td colspan="3">右</td><td rowspan="2">辨色力</td><td rowspan="2" colspan="2"></td><td rowspan="7">医师意见：

签字：</td></tr>
<tr><td colspan="3">左</td></tr>
<tr><td rowspan="2">矫正视力</td><td colspan="3">右度数</td><td rowspan="2">其他眼病</td><td rowspan="2" colspan="2"></td></tr>
<tr><td colspan="3">左度数</td></tr>
<tr><td>耳</td><td>听力</td><td colspan="2">右公尺
左公尺</td><td>耳疾</td><td colspan="3"></td></tr>
<tr><td>鼻</td><td>嗅觉</td><td></td><td>颜面部</td><td></td><td>鼻及鼻窦疾病</td><td colspan="2"></td></tr>
<tr><td>口腔</td><td>唇腭</td><td></td><td>门齿</td><td></td><td>口吃</td><td></td><td>咽喉</td></tr>
<tr><td></td><td>其他</td><td colspan="8"></td></tr>
<tr><td>外
科</td><td>身长</td><td>厘米</td><td>体重</td><td>千克</td><td colspan="4">检查者</td><td>医师意见：

签字：</td></tr>
</table>

图 1.4.35　体格检查表

要求：

（1）完成以上表格制作，并填写学生基本信息；

（2）从“以上由考生本人如实填写”一栏（含此栏），将表格拆分为 2 个表格；

（3）将拆分的表格合并为一个表格；

（4）保存在指定文件夹中，文件名为“体检表”。

3. 制作如图 1.4.36 所示的表格，保存在指定文件夹中，文件名为“工具栏”。

名称	工具栏图标		
自制	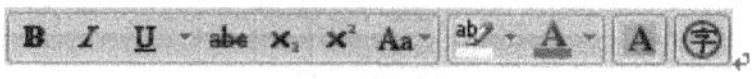		
	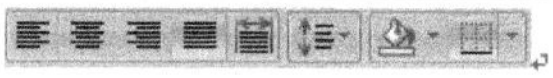		
图标	快捷键	菜单命令	功能
B	Ctrl+B	加粗	将所选文字加粗
x^2	Ctrl+Shift++	上标	在文本行上方创建小字符
	Ctrl+L	左对齐	将文字左对齐

图 1.4.36　“工具栏”表格示例

提示：屏幕打印快捷键为【Print Screen】，屏幕窗口打印快捷键为【Alt+Print Screen】。

4. 制作如图 1.4.37 所示的报销单，保存在指定文件夹中，文件名为“报销单”。

图书科技股份有限公司

出差旅费报销单

填表日期：　　年　　月　　日

姓名			职务									
出差事由												
公元	年		月	日	起止	共计		天，附单据				张
年				交通费			住宿费	伙食费	临时费		单据	合计
月	日	起止地点	工作纪要	机票	车票	船票			摘要	金额		
总计		大写金额										

主管审核：　　会计：　　单位主管：　　出差人：

图 1.4.37　出差旅费报销单

任务 1.5　长文档编辑——毕业论文制作

　　长文档通常是指那些文字内容较多，篇幅相对较长，文档层次结构相对复杂的文档，如教材、商业报告、软件使用说明书、论文等。正确使用长文档编辑中的技能，组织和维护长文档就会变得得心应手，提高工作效率。

【任务描述】

　　李丽撰写了一篇《基于 Lab view 的虚拟阻抗测试仪》毕业论文，并请陈老师帮他看看格式是否规范，如图 1.5.1 所示。陈老师在查看该文档时使用了审阅工具对文稿进行了修改。

　　在该任务中长文档编辑应该注意以下几个方面的内容：① 图片和表格应该添加题注；② 查找和替换；③ 各级标题应该设置标题级别；④ 要设置页眉页脚；⑤ 插入目录；⑥ 保护文档。

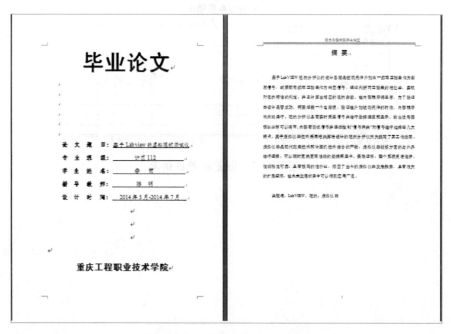

图 1.5.1　"毕业论文"样本

【相关知识】

1.5.1　创建文档大纲级别

给标题设置大纲等级，以表示它们在整个文档结构即层次结构中的级别，也是给长文档正确添加目录的前提，下面介绍几种创建文档大纲的方法。

1. 段落设置法

在 Word 中打开一篇文档，选择"视图→导航窗格"，如果这篇文档已经设置好各级大纲级别，可以在左边的文档结构图中看见很多分好级别的目录，如图 1.5.2 所示。这时如果在左侧的文档结构图中点击一个条目，那么在右侧的文档中，光标就会自动定位到相应的位置。利用文档结构图的这一功能查阅文档（特别是长文档）时会非常方便。这种排列有从属关系，也就是说，大纲级别为 2 级的段落从属于 1 级，3 级的段落从属于 2 级……9 级的段落从属于 8 级。在导航窗格中，点击条目前面的" ◢ "号，可以把有从属关系的条目折叠或展开，这种方法与 Windows 资源管理器左窗格中的目录和子目录的操作方法有点相似。

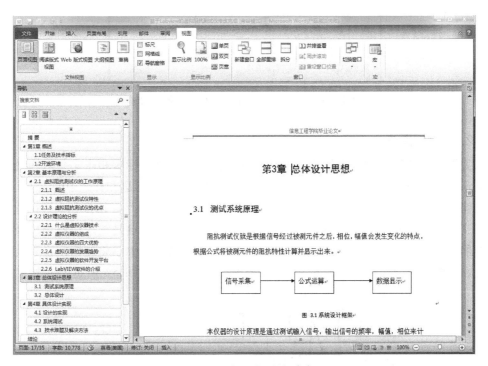

图 1.5.2　长文档导航窗格

选中需要设置大纲级别的标题，单击"段落"组的对话框启动器，打开"段落"对话框，在"大纲级别"处可以设置大纲级别，如图 1.5.3 所示。设置完成导航窗格会同步显示。

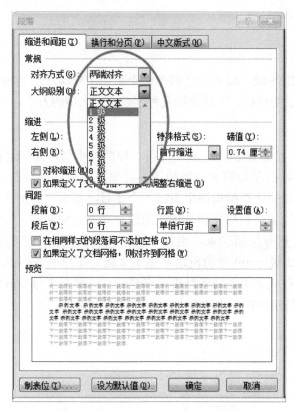

图 1.5.3　"段落"对话框中设置大纲级别

2. 大纲视图法

大纲视图通过清晰的大纲格式构建和显示内容，所有的标题和正文文本均采用缩进显示，在大纲视图创建的环境中，用户可以快速操纵大纲标题和标题中的文本。

建立一个空白文档，单击"视图"选项卡的"文档视图组"，切换到大纲视图。此时在文档的左上角出现一个减号和一个不断闪烁的插入点。这是输入第一个顶级大纲标题的位置。减号⊖表示标题尚未包含任何子标题或从属文本。将文档切换到大纲视图时，出现"大纲工具"组，可以用来工作时操纵大纲，如图 1.5.4 所示。

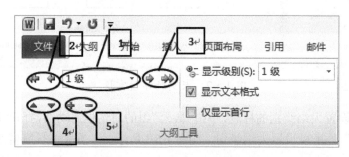

图 1.5.4　"大纲工具"组

依次输入其他的标题。用"提升"按钮和"降低"按钮在"1 级"到"9 级"之间选择标题样式，然后在每个标题的后面按【Enter】键即可。

创建了更低级别的项后，Word 2010 将在高级别的大纲项旁边显示加号，表示这些项下还有从属项。最多可以添加 9 级从属项，如图 1.5.5 所示。

图 1.5.5　级目录示例

用户可在相应的大纲下面输入文档正文。在要输入正文的大纲后面按【Enter】键，此时插入点将开始新的一行。单击"大纲工具"组中的"降级为正文"按钮 ➡，或者在"大纲级别"下拉列表中选择"正文文本"选项即可输入正文。

3. 样式设置法

样式是指一组已经命名的字符和段落格式，可同时应用很多属性。它规定了文档中标题、题注以及正文等各个文本元素的格式。使用样式还可以构筑大纲，使文档更有条理，编辑和修改更简单，使用样式还可以用来生成目录。

Word 2010 提供有许多内置样式。当用户需要应用的某些格式组合与内置的样式相符时，就可以直接应用该样式而不用再新建了。

选中需要应用样式的文本，然后选择"开始"选项卡的"样式"组，单击所需的样式，如图 1.5.6 所示。如果没看到所需的样式，请单击箭头展开"快速样式"库。

图 1.5.6　"样式"组命令

样式出现在列表中，就可以随时将其应用于文档。

1.5.2　题注

题注是一种可添加到图表、表格、公式或其他对象中的编号标签，包括 2 个方面的内容：为选择的内容贴上标签和为插入内容编号。

1. 添加题注

用户可以向图表、公式或其他对象添加题注。也可以使用这些题注创建带题注项目的目录，例如图表目录或公式目录。

（1）添加题注

选择要添加题注的对象（表格、公式、图表或其他对象），单击"引用"选项卡→"题注"组→"插入题注"，"题注"组命令如图 1.5.7 所示。

在"标签"列表中，选择最能恰当地描述该对象的标签，例如图片或公式。如果列表中未提供正确的标签，请单击"新建标签"，在"标签"框中键入新的标签，然后单击"确定"，如图 1.5.8 所示。 键入要显示在标签之后的任意文本（包括标点）。

图 1.5.7 "题注"组命令

图 1.5.8 "题注"对话框

（2）向浮动对象添加题注

如果希望能让文本环绕在对象和题注周围，或者希望能够一起移动对象和题注，则需要将对象和题注都插入到文本框中。

单击"插入"选项卡→"文本"组→"文本框"→"绘制文本框"。在文档中，通过拖动鼠标在对象上绘制一个文本框。

单击"绘图工具"→"格式"选项卡→"形状样式"组→"形状填充"→"无填充颜色"→"排列"组→"自动换行"→"四周型环绕"。

选择该对象，剪切该对象并将其粘贴在文本框内，再选择该对象，单击"引用"选项卡→"题注"组→"插入题注"。选择最能恰当地描述该对象的标签，并键入要显示在标签之后的任意文本。

2. 在题注中包括章节号

要在题注中包括章节号，必须向章节标题应用唯一的标题样式。

选择要添加题注的项目，单击"引用"选项卡→"题注"组→"插入题注"→"设置标签"→"编号"，弹出"题注编号对话框"，如图 1.5.9 所示。

选中"包含章节号"复选框，在"章节起始样式"列表中，选择应用于章节标题的标题样式，在"使用分隔符"列表中，选择一种将章节号和题注编号分隔开来的标点符号。

图 1.5.9 "题注编号"对话框

3. 删除题注

从文档中选择要删除的题注，按【Delete】。删除了题注后，用户可以更新剩余的题注。

4. 更改题注

用户可以更改编号格式、更改题注上的标签或更改文档中的所有题注标签，并可以在更改了一个或多个标签后更新文档中的所有标签。

（1）更改单个题注的标签或者选择要更改的题注

按【Delete】键删除现有题注，然后按【Enter】键。插入使用所需标签的新题注。

（2）更改属于同一类型的所有题注中的标签

选择要更改其标签的题注编号。选择"引用"选项卡→"题注"组→"插入题注"→"标签"框，选择需要的标签或"新建标签"。

（3）更改题注的编号格式

选择要更改其编号格式的题注编号。选择"引用"选项卡→"题注"组→"插入题注"→"编号"→"格式"框，单击所需的编号格式。

选定的题注编号将更新为新的编号格式，并且与该标签关联的其他题注编号也将随之更新。而使用不同标签的题注则不会得到更新。

5. 更新题注编号

如果插入新的题注，Word 2010 将自动更新题注编号。但是，如果删除或移动了题注，则必须手动更新题注。

要更新特定的题注，请选择该题注，若要更新所有题注，请单击文档中的任意位置，然后按【Ctrl+A】选择整个文档。单击鼠标右键，然后单击快捷菜单上的"更新域"。

1.5.3 目录

Microsoft Office Word 2010 提供了一个样式库，其中有多种目录样式可供选择。标记目录项，然后从选项库中单击您需要的目录样式。Office Word 2010 会自动根据所标记的标题创建目录。

1. 标记目录项

创建目录最简单的方法是使用内置的标题样式。用户还可以创建基于已应用的自定义样式的目录。或者可以将目录级别指定给各个文本项。

（1）使用内置标题样式标记项

选择要应用标题样式的标题，在"开始"选项卡上的"样式"组中，单击所需的样式。

（2）标记各个文本项

选择要在目录中包括的文本。单击"引用"选项卡→"目录"组→"添加文字"，"目录"组命令如图 1.5.10 所示。

图 1.5.10　"目录"组命令

2. 创建目录

标记了目录项之后，就可以生成目录了。

（1）用内置标题样式创建目录

单击要插入目录的位置，在"引用"选项卡上的"目录"组中，单击"目录"，然后单击所需的目录样式。

（2）用自定义样式创建目录

单击要插入目录的位置，单击"引用"选项卡→"目录"组→"目录"→"插入目录"，弹出"目录"对话框，单击"选项"按钮，如图 1.5.11 所示。在弹出的"目录项"对话框的"有效样式"下，查找应用于文档中的标题的样式，如图 1.5.12 所示。

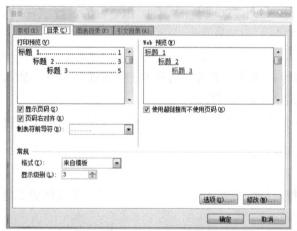

图 1.5.11　"目录"对话框

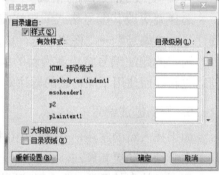

图 1.5.12　"目录选项"对话框

在样式名旁边的"目录级别"下，键入 1~9 中的一个数字，指示希望标题样式代表的级别。

3. 选择适合文档类型的目录

打印文档：如果创建需要在打印页上阅读的文档，那么在创建目录时，应使每个目录项列出标题和标题所在页面的页码。读者可以翻到需要的页。

联机文档：对于读者要在 Word 中联机阅读的文档，可以将目录中各项的格式设置为超链接，以便读者可以通过单击目录中的某项转到对应的标题。

4. 更新目录

单击"引用"选项卡→"目录"组→"更新目录"→"只更新页码"或"更新整个目录"。

5. 删除目录

单击"引用"选项卡→"目录"组→"目录"→"删除目录"。

6. 基于题注创建目录

在文档中，将光标放在要插入图表目录的位置，单击"引用"选项卡→"题注"组→"插入表目录"→"常规"→"题注标签"列表，选择要使用的标签。

如果文档包含的题注具有不同的标签，而用户希望将所有题注都包括在一个图表目录中，可单击"选项"，选中"样式"复选框，然后选择列表中的"题注"。

 提示

如果用户文档中的题注进行了更改，则可以通过选择图表目录并按【F9】键来更新图表目录。

1.5.4 插入分隔符

Word 2010 有多种分隔符，这里主要介绍两种，一种是分页符，另一种是分节符。

分页符是文档中上一页的结束及下一页开始的位置，表示一页的结尾或者另一页的开始。节是文档的一部分，可在其中设置某些页面格式选项。若要更改例如行编号、列数或页眉和页脚等属性，可插入一个新的分节符。

1. 插入分页符

单击"页面布局"选项卡→"页面设置"组→"分隔符"下拉菜单→"分页符"，如图 1.5.13 所示。

2. 插入分节符

要创建分节符，单击文档中需要设置节的位置→"页面布局"选项卡→"页面设置"组→"分隔符"下拉菜单→"分节符"。

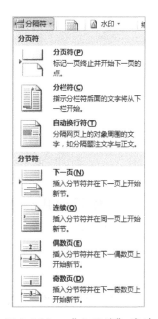

图 1.5.13 "分隔符"菜单

1.5.5 页眉和页脚

页眉和页脚通常用于显示文档的附加信息，例如页码、日期、作者名称或单位名

项目 1

称等。可以在文档中插入预设的页眉或页脚并轻松地更改页眉和页脚设计。

1. 在整个文档中插入相同的页眉和页脚

单击"插入"选项卡→"页眉和页脚"组→"页眉"或"页脚"。选择所需的页眉或页脚设计。更改页眉或页脚只需从新选择样式即可。

2. 删除首页中的页眉或页脚

单击"页面布局"选项卡→"页面设置"对话框启动器→"版式"选项卡→"页眉和页脚"→"首页不同"复选框，页眉和页脚即被从文档的首页中删除，如图 1.5.14 所示。

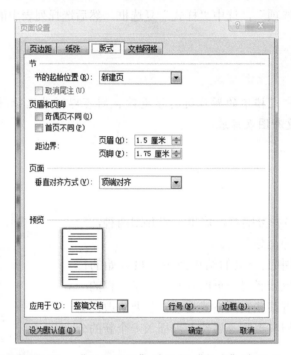

图 1.5.14 "页面设置"对话框"版式"选项卡

3. 对奇偶页使用不同的页眉或页脚

单击"页面布局"选项卡→"页面设置"对话框启动器→"版式"选项卡→"奇偶页不同"复选框，在偶数页上插入用于偶数页的页眉或页脚，在奇数页上插入用于奇数页的页眉或页脚。

4. 更改页眉或页脚的内容

单击"插入"选项卡→"页眉和页脚"组→"页眉"或"页脚"，选择文本并进行修订。

5. 删除页眉或页脚

单击文档中的任何位置→"插入"选项卡→"页眉和页脚"组→"页眉"或"页脚"→"删除页眉"或"删除页脚"，页眉或页脚即被从整个文档中删除。

1.5.6 审阅工具

审阅工具可以帮助用户校对、修订、更改和保护文档,审阅选项卡如图 1.5.15 所示。

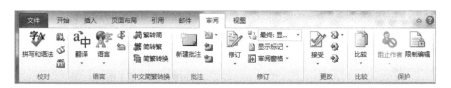

图 1.5.15 审阅选项卡

1. "校对"组和"语言"组

选择"审阅"选项卡,就会出现"审阅"窗格,其中"校对"组和"语言"组的命令选项如表 1.5.1 和表 1.5.2 所示。

表 1.5.1 "校对"组命令释义

菜单项	功能
拼写和语法	检查文档中文字的拼写和语法
信息检索	打开"信息检索"任务窗格,搜索参考资料,如字典、百科全书和翻译服务
同义词库	建议与所选单词有相似含义的其他单词
字数统计	确定文档的字数、字符数、段落数以及行数

表 1.5.2 "语言"组命令释义

菜单项	功能
翻译	将所选文字翻译成另一种语言
英语助手	启动英语语法和写作风格指南任务窗格
更新输入法词典	将所选词加入 IME 词典,使其以后可被识别
设置语言	设置用于检查所选文字的拼写和语法的语言

(1) 拼写和语法

在编写文档时更快更轻松地找出文档中的拼写错误并对其进行修正。

❶ 自动拼写检查的工作方式

Word 2010 可以在用户工作时标记拼写错误的单词(默认为红色波浪线),用户可以右键单击拼写错误的单词以查看建议的更正,如图 1.5.16 所示。

❷ 自动语法检查的工作方式

当用户启用自动语法检查后,Word 会标记潜在的语法和风格错误(默认为绿色波浪线），如图 1.5.17 示例所示。用户可以右键单击错误以查看其他选项。

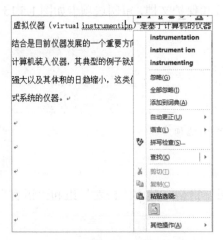

图 1.5.16　拼写错误及更正的示例　　　　图 1.5.17　自动语法检查示例

❸ 打开或关闭自动拼写和语法检查功能

单击"审阅"→"校对组"→"拼写和语法"→"拼写和语法"对话框→"选项"，弹出如图 1.5.18 所示的"Word 选项"对话框。在"例外项"下，单击"所有新文档"，选中或清除"只隐藏此文档中的拼写错误"和"只隐藏此文档中的语法错误"。

图 1.5.18　"Word 选项"对话框

❹ 自动更正

在"Word 选项"对话框的"自动更正选项"栏中选择"启动更正选项"命令，弹出如图 1.5.19 所示的"自动更正"对话框。其中"键入时自动替换"项可实现自动更正功能。

图 1.5.19 "自动更正"对话框

（2）字数统计

Word 2010 在用户键入时会自动统计文档中的字数、页数、段落数、行数及包含或不包含空格的字符数。

❶ 在键入时统计字数

在文档中键入时，Office Word 2010 自动统计文档中的页数和字数，并将其显示在工作区底部的状态栏上，如图 1.5.20 所示。

❷ 统计一个或多个选择区域（文本框）中的字数

选择要统计字数的文本，状态栏将显示选择区域（文本框）中的字数。

❸ 查看页数、字符数、段落数和行数

单击"审阅"选项卡→"校对"组→"字数统计"，如图 1.5.21 所示。

图 1.5.20 状态栏中自动统计页数和字数　　图 1.5.21 "字数统计"对话框

2. "批注"组

"批注"组，命令选项如表 1.5.3 所示。

表 1.5.3 "批注"组命令释义

菜单项	功能
新建批注	添加有关所选内容的批注
删除批注	删除所选批注
上一条	定位到文档中的上一条批注
下一条	定位到文档中的下一条批注

用户可将批注插入到文档的页边距处出现的批注框中，也可从视图中隐藏批注。

（1）键入批注

选择要对其进行批注的文本或项目，或单击文本的末尾处。单击"审阅"选项卡→"批注"组→"新建批注"，在批注框中键入批注文本即可。

（2）删除批注

右键单击该批注，然后单击"删除批注"选项。

要快速删除文档中的所有批注，可单击文档中的一个批注，单击"审阅"选项卡→"批注"组→"删除"下拉菜单→"删除文档中的所有批注"。

3. "修订"组和"更改"组

在 Word 2010 中，可以跟踪每个插入、删除、移动、格式更改或批注操作，以便在以后审阅所有这些更改。命令选项分别如表 1.5.4 和表 1.5.5 所示。

表 1.5.4 "修订"组命令释义

菜单项	功能
修订	跟踪对文档所有的更改，包括插入、删除和格式更改
最终:显...	选择查看文档修订建议的方式
显示标记	选择要在文档中显示的标记的类型
审阅窗格	在单独窗口中显示修订

表 1.5.5 "更改"组命令释义

菜单项	功能
接受	接受修订并移动到下一条
拒绝	拒绝修订并移动到下一条
上一条	定位到文档中的上一条修订，以便接受或拒绝该修订
下一条	定位到文档中的下一条修订，以便接受或拒绝该修订

（1）打开修订

单击"审阅"选项卡→"修订"组→"修订"命令。"修订"按钮的背景色发生变化，显示它已打开。

若要在页面下方状态栏添加修订指示器，右击状态栏，如图 1.5.22 所示，然后单击"修订"。

单击状态栏上的"修订"指示器可以打开或关闭修订，"修订"指示器如图 1.5.23 所示。

	自定义状态栏	
	格式页的页码(F)	100
	节(E)	1
√	页码(P)	100/140
	垂直页位置(V)	21.9厘米
	行号(B)	13
	列(C)	1
√	字数统计(W)	58,893
√	正在编辑的作者数(A)	
√	拼写和语法检查(S)	错误
√	语言(L)	中文(中国)
√	签名(G)	关
√	信息管理策略(I)	关
√	权限(P)	关
√	修订(T)	关闭
	大写(K)	关
√	改写(O)	插入
	选定模式(D)	
	宏录制(M)	未录制
√	上载状态(U)	
√	可用的文档更新(U)	否
√	视图快捷方式(V)	
√	显示比例(Z)	100%
√	缩放滑块(Z)	

图 1.5.22　打开修订命令示例

图 1.5.23　"修订"指示器

打开"修订"之后，当插入或删除文本时，或者移动文本或图片时，将通过标记（即显示每处修订所在位置以及内容的颜色和线条等）显示每处更改。

（2）关闭修订

要取消修订，再次单击"修订"组中的"修订"命令。或者关闭状态栏上的"修订"指示器。

（3）一次接受（拒绝）所有更改

单击"审阅"选项卡→"更改"组→"接受"/"拒绝"下拉菜单→"接受对文档的所有修订"/"拒绝对文档的所有修订"。

4. "比较"组

"比较"组命令只有一个用于比较或者组合文档的多个版本。单击"比较"命令的下拉按钮，有 3 个选项，如图 1.5.24 所示。

"精确比较"选项对两个文档进行比较，并且只显示两个文档的不同部分。被比较的文档本身不变。默认情况下，精确比较结果显示在新建的第三篇文档中。

如果要对多个审阅者所做的更改进行比较，则不选择此选项，而是单击"合并多位作者的修订"。

图 1.5.24　"比较"命令菜单

1.5.7　使用书签

书签又称标签，是加了标识和命名的位置或文本。用于在文档中跳转到特定的位置。

1. 插入书签

选择要为其指定书签的文本或项目，或者单击要插入书签的位置。单击"插入"选项卡→"链接"组→"书签"。在弹出的"书签"对话框中的"书签名"下，键入或选择书签名，如图 1.5.25 所示。

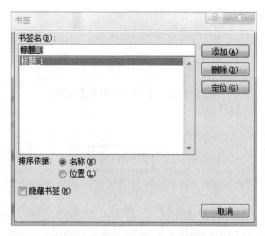

图 1.5.25　"书签"对话框

注意

　　书签名必须以文字或者字母开头，可包含数字但不能有空格。可以用下划线字符来分隔文字，例如，"标题_1"，单击"添加"按钮即可。

2. 定位到特定书签

单击"插入"选项卡→"链接"组→"书签"，选择要定位的书签的名称，单击"定位"。

3. 删除书签

单击"插入"选项卡→"链接"组→"书签"→书签的名称→"删除"。

1.5.8　查找和替换

查找和替换功能，可查找和替换文本、格式、段落标记、分页符等其他项目。

1. 查找文本

单击"开始"选项卡→"编辑"组→"查找"下拉按钮→"高级查找"命令。在"查找内容"框中，键入要搜索的文本，如图 1.5.26 所示。

图 1.5.26　"查找和替换"对话框的"查找"选项卡

要查找单词或短语的每个实例，请单击"查找下一处"按钮。要一次性查找特定单词或短语的所有实例，请单击"查找全部"，再单击"主文档"。

要使单词或短语在文档中突出显示，单击"阅读突出显示"，再单击"全部突出显示"。要关闭屏幕上的突出显示，单击"阅读突出显示"，再单击"清除突出显示"。

2. 查找和替换文本

单击"开始"选项卡→"编辑"组→"替换"。弹出"查找和替换"对话框的"替换"选项卡，如图 1.5.27 所示。"查找内容"框中，键入要搜索的文本，在"替换为"框中，键入替换文本。单击"替换"后，Word 2010 将移至该文本的下一个出现位置。

要替换文本的所有出现位置，请单击"全部替换"按钮。

图 1.5.27　"查找和替换"对话框的"替换"选项卡

3. 查找和替换特定格式

单击"开始"选项卡→"编辑"组→"替换"。 在弹出的"查找和替换"对话框中单击"替换"选项卡，选择单击"更多"命令，展开"替换选项卡"，如图 1.5.28 所示。

图 1.5.28　展开后的"替换"选项卡

要搜索带有特定格式的文本，请在"查找内容"框中键入文本。要仅查找格式，请将此框保留空白。单击"替换为"框，单击"格式"，选择需要查找和替换的格式。

若还要替换文本，可在"替换为"框中键入替换文本。

1.5.9　保护文档

用户可以控制他人查看和处理您的 Word 文档的方式，也可以很好地确保在用户分发文档时，文档能够传达用户想要表达的所有内容，而不会传达不想表达的内容。

1. "限制编辑"任务窗格

使用"限制编辑"任务窗格，可以保护文档免受意外或未经授权的更改，包括修订（显示文档中被修订的地方的可视标记）和批注。

在"审阅"选项卡的"保护"组中，单击"限制编辑"。"限制格式和编辑"任务窗格即在文档窗口的右侧打开，如图 1.5.29 所示。单击复选框"仅允许在文档中进行此类编辑"下拉箭头时，可以选择要设置的编辑限制的类型，具体由用户保护文档的方式决定。

选择了编辑限制后，可以通过单击"是，启动强制保护"来强制文档保护。在弹出的对话框中，指定一个密码以开始保护，如图 1.5.30 所示。

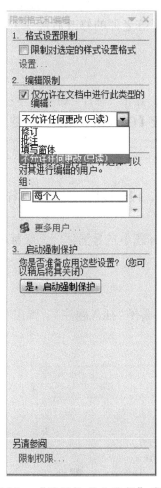

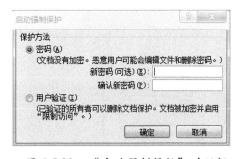

图 1.5.29　"限制格式和编辑"窗格　　　图 1.5.30　"启动强制保护"对话框

任何时候如果需要停止保护文档，可在"限制格式和编辑"菜单上，单击"停止保护"，然后输入密码即可。

2. 信息权限管理

信息权限管理（即 IRM）有助于防止敏感的信息被未经授权的人员打印、转发或复制。用户可以将访问权限仅限于您所选择的人员，并可以设置打开、读取和更改文档的权限。

【任务实施】

李丽把已完成的论文送给陈老师审阅，陈老师首先打开"修订"模式，把自己对文稿的修改批注在旁边，并指出小李论文中存在的一些问题：图片和表格没有添加题注、没有添加页眉页脚、没有生成目录等。小李仔细查看了陈老师的修改后接受了对文稿的所有修订。

1. 打开"修订"模式

首先，打开论文，选择"审阅"选项卡的"修订"组，点击"修订"命令的下拉按钮，选择"修订"选项，如图 1.5.31 所示。或者使用快捷键【Ctrl+Shift+E】，跟踪对文档的所有修改，插入、删除和格式更改。

2. 文本格式

（1）正文文字内容应为宋体、小四号，1.5 倍行距，段前段后为 0 磅，首行缩进 2 字符。

（2）一级标题前后空一行、三号黑体居中，二级标题小三号黑体，三级标题四号黑体。

3. 给图片添加题注

（1）找到文稿中的第一幅图片，在图片上单击右键选择"插入题注"，弹出"题注"对话框，如图 1.5.32 所示。

图 1.5.31　"修订"菜单　　　　图 1.5.32　"题注"对话框示例

（2）在"题注"对话框中选择"新建标签"选项，在"新建标签"对话框中的"标签"栏中录入新标签名"图"，单击"确定"按钮，如图 1.5.33 所示。

（3）在上图中选项的标签位置选择新建的标签名"图"，在位置中选择"所选项目下方"。在编号对话框中选择"包含章节号"，设置完成后单击"确定"。

（4）在所选图片下方会插入一个名为"图 1.1"的题注，在插入点后录入题注的文本内容"虚拟阻抗测试仪器结构框图"，并让该题注居中对齐，效果如图 1.5.34 所示。

图 1.5.33　"新建标签"对话框

图 1.5.34　题注效果示例

（5）重复以上步骤为本书稿中其他图片添加题注。

4. 在指定位置添加书签，并能迅速定位

陈老师在修改完书稿 2.1.1 节后因为有事暂时停了下来，为了方便下次继续修改，陈老师在 2.1.1 节结尾处插入了一个书签，方法如下：

（1）插入点置于 2.1.1 节开始处，然后点击"插入"选项卡"链接"组的"书签"命令。

（2）在弹出的"书签"对话框的书签名位置录入"read_1"，如图 1.5.35 所示，表示第一次阅读到的位置，单击"添加"按钮。

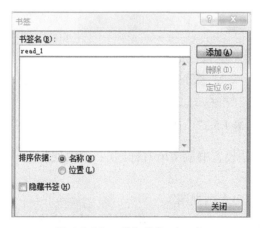

图 1.5.35　"书签"对话框

（3）下一次打开书稿后，直接单击"插入"选项卡"链接"组的"书签"命令，在"书签"对话框中，选中书签名"read_1"，单击"定位"命令，就可以直接跳转到 2.1.1 节末尾处。

5. 给标题设置样式

方法 1：在大纲视图中完成

（1）在"视图"选项卡"文档视图"组中选择"大纲视图"，在大纲视图中只能显示文字，不能显示图表。

（2）选中"第一章 概述"，在"大纲工具"组中设置该标题的级别为"1 级"，该标题前出现一个，标题也自动应用 1 级标题内设好的格式，如图 1.5.36 所示。

图 1.5.36　设置 1 级标题示例

（3）同理设置"第二章 基本原理与分析"，再把"2.1 虚拟阻抗测试仪的工作原理"和"2.1.1 概述"分别设置为 2 级标题和 3 级标题，如图 1.5.37 所示。标题级别每降 1 级就会向右缩进，每个级别标题的字体大小也不同。

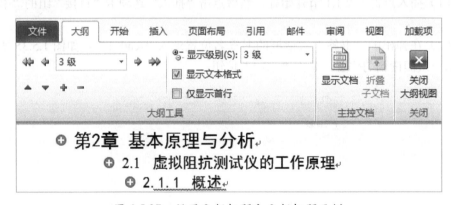

图 1.5.37　设置 2 级标题和 3 级标题示例

（4）重复上面的方法设置书稿中所有标题（x.y 为 2 级标题，x.y.z 为 3 级标题，其中 x、y、z 表示序号）。

（5）设置完以后退出大纲视图。

（6）选择"视图"选项卡"显示"组中的"导航窗格"，如图 1.5.38 所示，查看文档结构。

（7）在文档左边会出现"导航"窗口，如图 1.5.39 所示，展示全部标题结构，◢号表示该标题可以折叠，▷表示可以展开。单击该窗口右边的 ✕，可以关闭该窗口。

方法 2：在"段落"组中设置

选中"第一章 概述"，单击鼠标右键→"段落"→"段落"对话框→"缩进和间距"→"大纲级别"，选择"一级"，如图 1.5.40 所示。再使用同样的方法设置其余标题。

也可点击"开始"选项卡，"段落"组的对话框启动器，弹出"段落"对话框。

图 1.5.38　"显示"组　　　　　图 1.5.39　"文档结构图"窗口示例

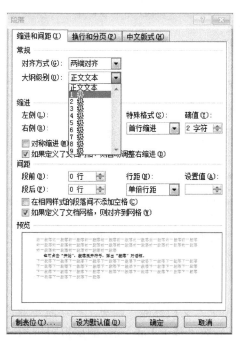

图 1.5.40　"段落"对话框

注意

　　在"大纲视图"中设置的标题级别包含标题的样式（例如：字号、字体、颜色等），而在"段落"组中设置的标题级别则不包含标题样式。

6. 分奇偶页为文稿添加页眉、页脚

　　在奇数页的页眉上使用文档标题"信息工程学院毕业论文"，页脚左边插入页码，而在偶数页页眉上使用书稿标题"基于 Lab view 的虚拟阻抗测试仪"，页脚右边插入页码。方法如下：

　　（1）单击"页面布局"选项卡→"页面设置"组对话框启动器→"版式"选项卡→"奇偶页不同"复选框→"确定"按钮，如图 1.5.41 所示。

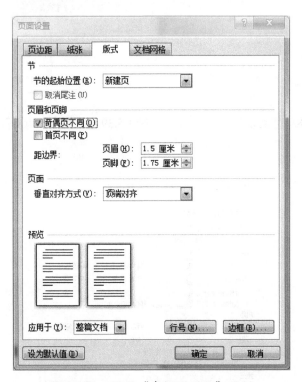

图 1.5.41　设置"奇偶页不同"示例

　　（2）选择"插入"选项卡"页眉页脚"组中的"页眉"下拉按钮，选择"编辑页眉"。

　　（3）在奇数页页眉中录入文档标题"信息工程学院毕业论文"，如图 1.5.42 所示，在偶数页页眉上使用书稿标题"基于 Lab view 的虚拟阻抗测试仪"。

项目 1

图 1.5.42 编辑页眉示例

（4）在"页眉和页脚工具—设计"选项卡的"导航"组里面选择"转至页脚"选项。

（5）选择任意奇数页页脚，在"页眉和页脚工具—设计"选项卡"页眉页脚"组里选择"页码"的下拉按钮，单击选择"页面底端"的"简单"类型的"普通数字3"，如图 1.5.43 所示，在页脚右边插入页码。选择任意偶数页页脚，在"页码"的下拉按钮中单击选择"页面底端"的"简单"类型的"普通数字1"，在页脚左边插入页码。

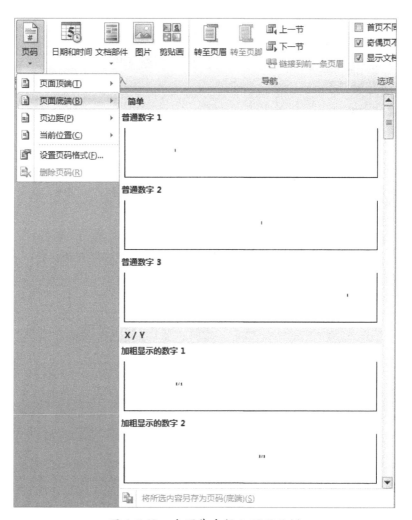

图 1.5.43 在页脚中插入页码示例

（6）单击"页眉页脚工具—设计"选项卡"关闭"组里的"关闭页眉和页脚"按钮，或者在正文任意位置双击，即可退出页眉页脚编辑环境。

7. 为文稿生成目录

把光标插入点置于文档起始处，选择"引用"选项卡"目录"组的"目录"下拉按钮，可以选择内设的目录样式，或者选择其中的"插入目录"命令。

（1）在弹出的"目录"对话框中的"目录"选项卡中，取消"使用超级链接而不使用页码"复选框，如图 1.5.44 所示。单击"确定"按钮。

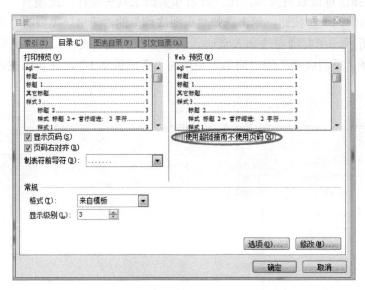

图 1.5.44　"目录"选项卡

（2）在文档起始处就会根据前面设置的标题级别自动生成目录，如图 1.5.45 所示。

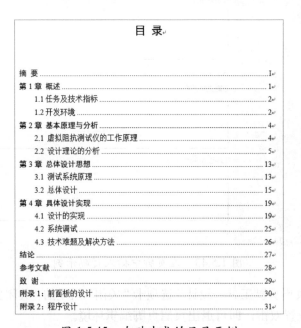

图 1.5.45　自动生成的目录示例

8．插入分节符，更新目录

但目前目录和正文在同一页中，需要插入一个分节符，把目录和正文分开，并更新目录。

（1）把光标插入点置于正文起始处，在"页面布局"选项卡的"页面设置"组中，选择"分隔符"中的分节符的"下一页"命令，在目录和正文分隔到不同页。现在目录页变为第 1 页，正文页变为第 2 页。若要删除分节符，在"草稿视图"中选中分节符删除即可。

（2）在正文页（第 2 节）内单击鼠标，在"插入"选项卡上的"页眉和页脚"组中，选择"页脚"，在下拉菜单中单击 "编辑页脚"。

（3）在"页眉和页脚"选项卡的"导航"组中，单击"链接到前一节页眉"，以便断开新节中的页眉和页脚与前一节中的页眉和页脚之间的连接，如图 1.5.46 所示，在页眉和页脚处也会出现分节的标识。

图 1.5.46　页眉和页脚处的分节标识

（4）选中第 2 节，在"页眉和页脚工具—设计"选项卡"页眉页脚"组里选择"页码"的下拉按钮，单击选择"设置页码格式"。

（5）在弹出"页码格式"对话框中的页码编号部分，选择"起始页码为 1"，如图 1.5.47 所示。

（6）选择任意奇数页页脚，在"页眉和页脚工具—设计"选项卡"页眉页脚"组里选择"页码"的下拉按钮，单击选择"页面底端"的"简单"类型的"普通数字 1"，如图 1.5.43 所示，在页脚左边插入页码。选择任意偶数页页脚，在"页码"的下拉按钮中单击选择"页面底端"的"简单"类型的"普通数字 3"，在页脚右边插入页码。设置完成后，目录页的页码为 1，正文第 1 页的页码也为 1。

（7）使用相同分节方法，在封面与摘要页之间插入分页符，并在摘要页单独编辑页码，设置为希腊数字，居中。

（8）在"引用"选项卡上的"目录"组中，单击"更新目录"，在弹出的对话框中选择 "更新整个目录"，如图 1.5.48 所示。

图 1.5.47　设置"页码格式"示例

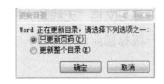

图 1.5.48　"更新目录"对话框

9. 接受修订，统计字数

小李拿到陈老师修改的文稿后，仔细查看了陈老师修改的地方，决定全部接受陈老师的修订并统计文稿字数，方法如下：

（1）选择"审阅"选项卡"更改"组中的"接受"下拉按钮，在菜单中选择"接受对文档的所有修订"，如图 1.5.49 所示。文中所有红色的标注和右边的修订批注框都会消失。

（2）选择"审阅"选项卡"校对"组中的"字数统计"，查看该文档的各项统计信息，如图 1.5.50 所示。

图 1.5.49　接受对文档的所有修订示例　　图 1.5.50　字数统计示例

10. 保护文档

为了避免修改好的文档被他人再次修改，小李决定对文档进行保护，方法如下：

（1）选择"审阅"选项卡"保护"组中的"限制编辑"，在文档右边会出现"限制格式和编辑"窗口，在"2.编辑限制"中选择"仅允许在文档中进行此类型的编辑"复选框，然后选择"不允许任何更改（只读）"选项。

（2）选择"3.启动强制保护"中的"是，启动强制保护"按钮，弹出"启动强制保护"对话框，录入密码。

11. 保存文档

把该文档保存在指定文件夹中，文件名为"学号＋姓名＋毕业论文"。

【能力拓展】

1. 打开练习文档"无线防火报警系统"完成以下设置。

（1）一级标题前后空一行、三号黑体居中，二级标题小三号黑体，三级标题四号黑体；

（2）正文排版：宋体、小四号，1.5 倍行距，段前段后为 0 磅，首行缩进 2 字符；

（3）目录：在摘要和正文之间插入目录；

（4）给图片添加题注：编号包含章节号，图表形式分别为"图 1.1、图 2.1……；表 1.1、表 2.1……"；

（5）页眉页脚：

❶ 首页无页眉页脚；

❷ 目录页页眉："目录"（目录 2 个字），居中，5 号字体；

❸ 目录页脚：编码为希腊数字（Ⅰ、Ⅱ、Ⅲ、Ⅳ、Ⅴ、Ⅵ、Ⅶ……），居中，5 号字体；

❹ 正文页眉：页眉为文档标题，奇数页右对齐，偶数页左对齐，5 号字体；

❺ 正文页脚：编码为阿拉伯数字（1、2、3、4、5……），5 号字体，奇数页右对齐，偶数页左对齐；

（6）给文档设置保护密码（密码为 123456）；

（7）保存在指定文件夹中，文件名"无线防火报警系统"。

2. 正确录入以下文字，完成以下设置。

面向对象数据库

继面向对象数据库系统（Object-Oriented DataBase System，OODBS）是将面向对象的模型、方式和机制，与先进的数据库技术有机地结合而形成的新型数据库系统。他 / 她从关系模型中脱离出来，强调在数据库框架中发展类型、数据抽象、继承和持久性；其基本设计思想是：一方面把面向对象语言向数据库方向扩展，使应用程序能够存取并处理对象，另一方面扩展数据库系统，使其具有面向对象的特征，提供一种综合的语义数据建模概念集，以便对实现世界中复杂应用的实体和联系建模。

OODBS 首先是一个数据库系统，具备数据库系统的基本功能；其次是一个面向对象的系统，是针对面向对象的程序设计语言的永久性对象存储管理而设计的，充分支持完整的面向对象概念和机制，面向对象的程序设计是计算机领域一种新的程序设计技术。

排版要求：

（1）纸张：B5；边距：上、下、左、右页边距均为 2cm；

（2）标题：黑体、小三号、加粗、居中对齐，段前段后各间隔 1 行；

（3）正文：楷体、小四号、两端对齐，行间距为固定值 20 磅，首行缩进 2 个字符；

（4）将全文所有的"数据库"一词替换为隶书、四号、加粗、蓝色样式；

（5）在正文内容右下方绘制"云形标注"图形（用预设中的"麦波滚滚"中心辐射填充效果），图形正中添加"数据库"三字（宋体小四号），图形与文字关系为图文环绕；

（6）保存编辑好的文件，文件名："面向对象数据库"。

任务 1.6 页面设置和邮件合并——成绩通知书制作

邮件合并是指创建一组文档，每个信函或标签含有同一类信息，但内容各不相同，这可以大大减少用户的工作量。Word 文档中还可以进行页面设置，即选择纸张的大小、纸张的方向、文字的方向以及打印等操作。

【任务描述】

期末考试后班主任郑老师要统计全班同学的成绩，给全班每位同学寄发一份成绩通知书。郑老师在 Word 中设计了如图 1.6.1 所示的成绩通知单的主文档，通过邮件合并的方式，把保存在 Excel 中全班同学的成绩导入 Word 中，并打印出来，寄给各位同学。

在本次任务中需熟悉页面设置、邮件合并和打印等功能。

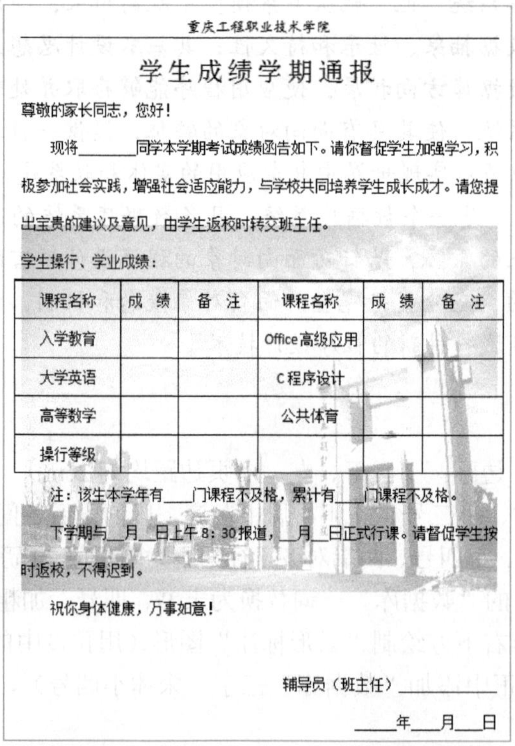

重庆工程职业技术学院

学生成绩学期通报

尊敬的家长同志，您好！

现将______同学本学期考试成绩函告如下。请你督促学生加强学习，积极参加社会实践，增强社会适应能力，与学校共同培养学生成长成才。请您提出宝贵的建议及意见，由学生返校时转交班主任。

学生操行、学业成绩：

课程名称	成 绩	备 注	课程名称	成 绩	备 注
入学教育			Office高级应用		
大学英语			C程序设计		
高等数学			公共体育		
操行等级					

注：该生本学年有___门课程不及格，累计有___门课程不及格。

下学期与__月__日上午 8：30报道，__月__日正式行课。请督促学生按时返校，不得迟到。

祝你身体健康，万事如意！

辅导员（班主任）__________

____年___月___日

图 1.6.1 郑老师设计的成绩通知单

【相关知识】

1.6.1 视图

在 Word 2010 的"视图"选项卡中，包含了视图与显示的各种命令。

1. "文档视图"组

Word 2010 视图选项卡的"文档视图"组提供了多种视图方式，包括页面视图、阅读版式视图、草稿、大纲视图和 Web 版式视图。在不同的视图下，屏幕上显示的情况可能不一样，但文档的内容是一样的，常用的是草稿和页面视图，大纲视图主要用于长文章的编辑。各种视图的不同功能如表 1.6.1 所示。

表 1.6.1　各种视图方式的功能

菜单项	功能
页面视图	查看文档的打印外观
阅读版式视图	查看文档时用最大空间来阅读和批注文档
Web 版式视图	查看网页形式的文档外观
大纲视图	查看大纲形式的文档外观，并显示大纲工具
草稿	查看草稿形式的文档，以便快速编辑文档

另外在窗口底部状态栏中有视图切换按钮 ，可以在各视图间自由切换。

（1）页面视图

页面视图用于显示文档所有内容在整个页面的分布状况和整个文档在每一页的位置，并可对其进行编辑操作，也是 Word 默认的视图方式，用户可从中看到各种对象（包括页眉、页脚、水印和图形等）在页面中的实际打印位置，这对于编辑页眉和页脚，调整页边距，以及处理边框、图形对象、分栏都是很有用的，具有真正的"所见即所得"的显示效果。在页面视图中，屏幕看到的页面内容就是实际打印的效果。

页面视图是使用最多的一种视图方式。在页面视图中，可进行编辑排版，处理文本框、图文框、版面样式或者检查文档的外观，并且可以对文本、格式以及版面进行最后的修改，也可以拖动鼠标来移动文本框及图文框项目。执行"视图"选项卡"文档视图"组中的"页面视图"命令或按【Alt+Ctrl+ P】组合键即可切换到页面视图方式。

（2）阅读版式视图

Word 2010 阅读版式视图是进行了优化的视图，以便于在计算机屏幕上阅读文档。在阅读版式视图中，用户可以选择以文档在打印页上的显示效果进行查看。因为阅读版式视图的目标是增加可读性，文本是采用 Microsoft ClearType 技术自动显示的。这样可以方便地增大或减小文本显示区域的尺寸，而不会影响文档中的字体大小。

在阅读版式视图左上角有一个工具栏，在阅读时可以简单地编辑文本，而不必从阅读版式视图切换出来，如图 1.6.2 所示。

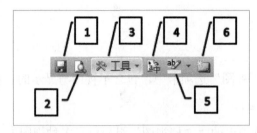

1—保存；2—打印预览和打印；3—工具（包括信息检索、批注、查找等）；
4—翻译屏幕提示 [英语助手：简体中文]；
5—以不同颜色突出显示文本；6—新建批注

图 1.6.2　阅读版式视图工具栏

想要停止阅读文档时，可单击"阅读版式"右上角工具栏上的"关闭"按钮
或者按【Esc】键，可以从阅读版式视图切换回来。

（3）Web 版式视图

Web 版式视图也叫联机版式视图，联机版式视图方式是 Word 几种视图方式中唯一一种按照窗口大小进行折行显示的视图方式（其他几种视图方式均是按页面大小进行显示），这样就避免了 Word 窗口比文字宽度要窄，用户必须左右移动光标才能看到整排文字的尴尬局面，并且联机版式视图方式显示字体较大，方便了用户的联机阅读。在联机版式视图中，正文显示得更大，并且自动拆行显示，以适应窗口，而不是以实际打印效果进行显示。

（4）大纲视图

对于一个具有多重标题的文档而言，往往需要按照文档中标题的层次来查看文档（如只查看某重标题或查看所有文档等），此时采用前述几种视图方式就不太合适了，而大纲视图方式则正好可解决这一问题。大纲视图方式是按照文档中标题的层次来显示文档，用户可以折叠文档，只查看主标题，或者扩展文档，查看整个文档的内容，从而使得用户查看文档的结构变得十分容易。在这种视图方式下，用户还可以通过拖动标题来移动、复制或重新组织正文，方便了用户对文档大纲的修改。采用大纲视图方式显示 Word 文档的办法为：执行"视图"选项卡"文档视图"组中的"大纲视图"命令，或按下【Alt+Ctrl+O】组合键。

（5）草稿

草稿视图方式是 Word 最基本的视图方式，它可显示完整的文字格式，但简化了文档的页面布局（如对文档中嵌入的图形及页眉、页脚等内容就不予显示），其显示速度相对较快，因而非常适合于文字的录入阶段。广大用户可在该视图方式下进行文字的录入及编辑工作，并对文字格式进行编排。执行"视图"选项卡"文档视图"组中的"草图"命令或按【Alt+Ctrl+N】组合键即可切换到草稿视图方式。

2. "显示"组

"显示"组中包含3个复选项。单击任一选项,其前的方框中出现"√",表示被选中,再次单击表示被取消。

● 标尺:查看标尺,用于测量和对齐文档中的对象。
● 网格线:显示网格线,以便将文档中的对象沿网格线对齐。
● 导航窗格:打开文档结构图,以便通过文档的结构性视图进行导航。

3. "显示比例"组

通过"显示比例"组中的各命令可以使用各种比例和方式查看文档。

(1)显示比例

单击"显示比例"按钮,在弹出的"显示比例"对话框(如图1.6.3所示)中可以指定文档的缩放比例。

多数情况下也可以使用窗口底部状态栏中的缩放控件(如图1.6.4所示),快速改变文档的显示比例。

图 1.6.3　"显示比例"对话框　　　　图 1.6.4　状态栏中的缩放控件

(2)单页:更改文档的显示比例,使整个页面适应窗口大小。
(3)双页:更改文档的显示比例,使两个页面适应窗口大小。
(4)页宽:更改文档的显示比例,使页面宽度与窗口宽度一致。

4. "窗口"组

通过"窗口"组中各命令可以在各种窗口中查看文档,如表1.6.2所示。

表 1.6.2　"窗口"组中各命令释义

菜单项	功能
新建窗口	打开一个包括当前文档的新窗口
全部重排	在屏幕上并排平铺所有打开的程序窗口
拆分	将当前窗口拆分为两部分,以便同时查看文档的不同部分
切换窗口	切换到当前打开的其他窗口

另外还有并排查看、同步滚动、重设窗口位置和切换窗口等命令。

1.6.2　使用模板

模板是一种文档类型，它已包含内容，如文本、样式和格式；页面布局，如页边距和行距；以及设计元素，如特殊颜色、边框和辅色，是典型的 Word 主题。例如，如果用户每周都有工作会议，且必须重复创建相同的会议议程，但每次这些会议议程只有轻微的细节变化，那么从大量已有的信息着手就可显著提高用户的工作效率。另外用户还可以根据自己的业务需求创建自己的模板。

1. 模板和文档的区别

在打开模板时，会打开基于所选模板的新文档。也就是说，打开了该模板的一个副本，而不是模板本身。它打开自身的副本，将自身所包含的一切都赋予给全新的文档。用户使用该新文档，可使用模板内置的所有内容，还可进行所需的添加或删除操作。因为新文档不是模板本身，所以用户所进行的更改会保存到文档中，而模板则保持其原始状态。因此，一个模板可以是无限多个文档的基础。所有文档都是基于某种类型的模板的，模板只在后台工作。

2. 应用模板建立自己的文档

Word 2010 预先安装了 30 多个各种文档类型的模板，文档类型如信函、传真、报告、简历和博客文章。方法如下：

单击"文件"→"新建"→"可用模板"窗口→"样本模板"，单击任一缩略图并在右侧查看其预览。找到所需的模板后，单击"创建"，即会打开基于该模板的新文档，用户可以进行所需的更改，如图 1.6.5 所示。

图 1.6.5　"可用模板"窗口

3. 创建自己的模板

当 Word 2010 提供的模板不能满足需要时，用户还可以创建适合自己需要的模板。创建模板的方法有两种：一种是根据已有的文档创建模板，另一种是根据已有的模板创建新模板。

（1）根据已有的文档创建模板

当用户需要用到的文档设置包含在现有文档的基础上时，就可以把文档作为基础来创建模板。

首先打开需要作为模板的文档，根据您希望在基于该模板的所有新文档中出现的内容，进行相应的更改。

然后单击"文件"→"另存为"→"另存为"对话框。单击 Word 模板"Templates"作为保存该模板的位置，如图 1.6.6 所示。

图 1.6.6　"另存为"对话框

在"保存类型"下拉列表中选择"Word 模板"选项，在"文件名"下拉列表框中输入新建模板的名称，最后单击"保存"即可。模板类型的文件扩展名为".dotx"。

（2）根据已有模板创建新模板

在"文件"→"新建"→"可用模板"窗口→"样本模板"中，选中需要的模板使用"模板"格式打开。它会将模板的副本作为模板打开，用户可以进行编辑并可将其另存为新版本的模板。

1.6.3　页面布局

Word 2010 中不仅可以制作出版面要求较为严格的文档，而且可以对排版后的文档进行打印输出。

1. "主题"组

主题是指主题颜色、主题字体和主题效果三者的组合。主题可以作为一套独立的选择方案应用于文档中。简化了创建协调一致、具有专业外观的文档的过程。使用主题可以让文档呈现具有鲜明特色的外观。

所有内容都与主题发生关系。如果更改主题，则会将一套完整的新颜色、字体和效果应用于文档。"主题"组命令功能如表 1.6.3 所示。

表 1.6.3　"主题"组命令释义

菜单项	功能
主题	更改整个文档的总体设计，包括颜色、字体和效果
颜色	更改当前主题的颜色
字体	更改当前主题的字体
效果	更改当前主题的效果

要尝试不同的主题，可选择"页面布局"选项卡的"主题"组，单击"主题"命令的下拉按钮，会弹出主题库，将指针停留在主题库中某个缩略图的上方，选择合适的主题。

2. "页面设置"组

在打印文档之前，用户必须对页面的页边距、纸张及版式等进行设置。"页面设置"组命令如表 1.6.4 所示。

表 1.6.4　"页面设置"组命令释义

菜单项	功能
文字方向	自定义文档或者所选文本框中的文字方向
页边距	选择整个文档或者当前节的边距大小
纸张方向	切换页面的纵向布局和横向布局
纸张大小	选择当前节的页面大小
分栏	将文字拆分成两栏或多栏
分隔符	在文档中添加分页符、分节符或分栏符
行号	在文档中每一行旁边的边距中添加行号
断字	启用断字功能，以便 Word 能在单词音节间添加断字符

（1）设置页边距

页边距是页面四周的空白区域。通常可以在页边距的可打印区域中插入文字和图形。也可以将某些项放在页边距中，例如，页眉、页脚和页码等。

方法1：单击"页面布局"选项卡→"页面设置"组→"页边距"，选择所需的页边距类型。单击所需的页边距类型时，整个文档会自动更改为用户所选择的页边距类型。

方法2：自定义页边距。单击"页边距"下的"自定义边距"，弹出"页面设置"对话框，然后在"页边距"选项卡的"上""下""左"和"右"框中，输入新的页边距值，如图1.6.7所示。

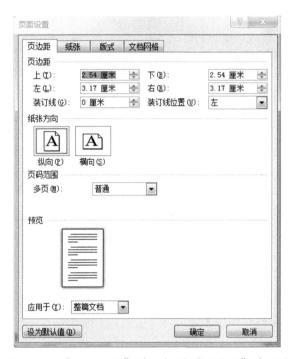

图 1.6.7　"页面设置"对话框的"页边距"选项卡

（2）文字方向

在"页面布局"选项卡上的"页面设置"组中，单击"文字方向"，然后选择"垂直""水平"或者其他方向。

（3）改变纸张方向

方法1：单击"页面布局"选项卡→"页面设置"组→"纸张方向"→"垂直"或"水平"。

方法2：单击"页面布局"选项卡"页面设置"组的对话框启动器，在弹出的对话框中选择"页边距"选项卡，单击"纵向"或"横向"。

（4）纸张大小

方法1：单击"页面布局"选项卡→"页面设置"组→"纸张大小"，选择各种纸张。

方法2：单击"页面布局"选项卡"页面设置"组的对话框启动器，在弹出的对话框中选择"纸张"选项卡，单击选择纸张格式，如图1.6.8所示。

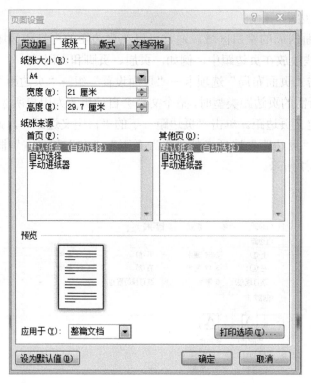

图 1.6.8 "页面设置"对话框的"纸张"选项卡

1.6.4 打印文档

编辑好一篇文档后就可以将其打印出来了。Word 2010 提供了强大的打印功能，可以按照用户的要求将文档打印出来。

1. 打印预览

在进行打印之前，如果用户想预览一下打印的效果则可使用打印预览功能。利用该功能可以有效地查找出打印时的一些不足之处，以免在正式打印后出现不可挽回的错误。

单击"文件"选项卡下的"打印"选项，在 Word 页面右边显示"打印预览"，如图 1.6.9 所示。

单击页面中部功能区下方的"页面设置"按钮可以弹出"页面设置"对话框，在打印前更改页面布局，如图 1.6.8 所示。

2. 文档的打印

如果对预览的文档效果感到满意，就可以对其进行正式打印了。

单击"文件"选项卡下的"打印"选项，弹出如图 1.6.10 的打印选项列表。

图 1.6.9　打印预览窗口

图 1.6.10　打印选项列表

（1）"打印机属性"选项组中可以查看打印机的状态并设置打印机的属性。

（2）"打印所有页"选项组中指定文档要打印的页数，如图 1.6.10 所示。选中"打印所有页"单选项按钮表示打印整个文档，选中"打印当前页面"单选按钮表示打印插入点所在页，选项"打印所选内容"单选按钮表示打印文档中选定的文本，在"打印自定义范围"文本框中可输入需要打印的具体页码。"仅打印奇数页"和"仅打印偶数页"可以用来设置双面打印。

（3）单击"纵向""A4""正常边距"和"每版打印一页"按钮可以设置打印相关信息。

（4）最后单击"确定"按钮即可完成打印选项的设置。

3. 手动设置双面打印

某些打印机提供了自动在一张纸的两面上打印的选项（自动双面打印）。其他一些打印机提供了相应的说明，解释如何手动重新插入纸张，以便在另一面上打印（手动双面打印）。还有一些打印机不支持双面打印。

要手动设置双面打印，用户有两种选择：使用手动双面打印，或分别打印奇数页面和偶数页面。

（1）手动双面打印

如果打印机不支持自动双面打印，用户可在"打印"对话框中的"打印机"框选中"手动双面打印"复选框。Word 将打印出现在纸张一面上的所有页面，然后提示用户将纸叠翻过来，再重新装入打印机中。

（2）分别打印奇数页和偶数页

单击"文件"→"打印"→"打印所有页"下拉菜单→"仅打印奇数页"→"确定"。打印完奇数页后，将纸叠翻过来，然后在"打印"列表中，选择"仅打印偶数页"，单击"确定"。

1.6.5　邮件合并

如果希望创建一组文档，如一份寄给多个客户的邀请函或通知书，可以使用邮件合并。每个信函或标签含有同一类信息，但内容各不相同。例如，在致多个客户的邀请函中，其中有的信息可以相同，而有的信息（如邮政编码、地址、姓名等）又可以各有不同，它支持将 Excel 或者 Access 等数据库中的一组信息导入，自动批量生成一组文档。

邮件合并过程需要执行以下步骤。

1. 设置主文档

主文档包含的文本和图形会用于合并文档的所有版本。用户可以在"邮件"选项卡的"创建"组中选择想要创建的文档类型——中文信封、信封、标签，如表 1.6.5 所示。

表 1.6.5 "邮件"选项卡"创建"组中部分命令释义

菜单项	功能
中文信封	创建传统的中文版式的信封
信封	创建并打印信封
标签	创建并打印标签

也可以自定义文档或者模板作为主文档。

2. 将文档连接到数据源

数据源是一个文件，它包含要合并到文档的信息。例如，信函收件人的姓名和地址。要将信息合并到主文档，必须将文档连接到数据源或数据文件。如果还没有数据文件，则可在邮件合并过程中创建一个数据文件。

在"邮件"选项卡上的"开始邮件合并"组中，单击"选择收件人"，如图 1.6.11 所示。

如果已有 Microsoft Excel 工作表、Microsoft Access 数据库或其他类型的数据文件，单击"使用现有列表"，弹出"选取数据源"对话框。

图 1.6.11 选择收件人

对于 Excel，在"选取数据源"对话框中，找到需要的工作簿的路径，选定后单击"打开"，如图 1.6.12 所示。并在弹出的对话框中选择需要的工作表，如图 1.6.13 所示。可以从工作簿内的任何工作表或命名区域中选择数据。

图 1.6.12 "选取数据源"对话框

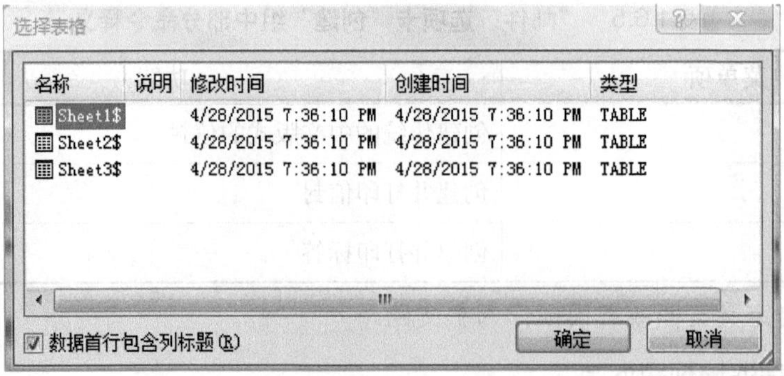

图 1.6.13　选择工作表

对于 Access，可以从数据库中定义的任何表或查询中选择数据。对于其他类型的数据文件，可在"选取数据源"对话框中选择文件。如果列表中未列出所需文件，可在"文件类型"框中选择适当的文件类型或选择"所有文件"。

3. 向文档添加占位符（又称邮件合并域）

执行邮件合并时，来自数据文件的信息会填充到邮件合并域中。

将主文档连接到数据文件之后，就可以键入文档文本并添加占位符（也叫邮件合并域），占位符用于指示每个文档副本中显示唯一信息的位置。 方法如下：

在"邮件"选项卡上的"编写和插入域"组中，单击"插入合并域"下拉按钮，如图 1.6.14 所示，在其中选择相应的选项，并把该选项以占位符的方式插入主文档。

图 1.6.14　"编写和插入域"组

> **注意**
>
> 将邮件合并域插入主文档时，域名称总是由尖括号"《》"括住，这些尖括号不会显示在合并文档中。它们只是帮助将主文档中的域与普通文本区分开来。

4. 使用"邮件"选项卡上的命令来执行邮件合并

向主文档添加域之后，即可预览合并结果。如果对预览结果满意，则可以完成合并。

（1）预览

在实际完成合并之前，可以预览和更改合并文档。要进行预览，在"邮件"选项卡上的"预览结果"组中单击"预览结果"即可。

（2）合并文档

在"邮件"选项卡上的"完成"组中，单击"完成并合并"。

5. 保存主文档

保存的合并文档与主文档是分开的。如果要将主文档用于其他的邮件合并，最好保存主文档。

保存主文档时，还会保存与数据文件的连接。下次打开主文档时，将提示用户是否要将数据文件中的信息再次合并到主文档中。

如果单击"是"，则文档打开时将包含合并的第一条记录的信息。

如果单击"否"，则将断开主文档与数据文件之间的连接。主文档将变成标准 Word 文档。

【任务实施】

在本次任务中郑老师首先设计并保存主文档——学生成绩学期通报，然后使用邮件合并把保存在 Excel 中的数据"学生期末成绩 .xlsx"导入 Word 中，为每位同学生成一张成绩通知书，最后将通知书打印出来。

1. 设计主文档样式

设计成绩通知单的样式，并填好每位同学都一致的信息，如放假和开学的时间等。

（1）新建一个 Word 文档，如图 1.6.1 所示设计出成绩通知单，其中时间信息应根据实际时间来填写，标题字号二号、字符间距加宽为 2 磅，正文字号小四，2 倍行间距。

（2）插入页眉。首先选择"插入"选项卡的"页眉页脚"组，单击"页眉"的下拉按钮，选择内置的"空白"型样式，然后在页眉中录入文字内容"重庆工程职业技术学院"，字号小四，楷体，如图 1.6.15 所示。

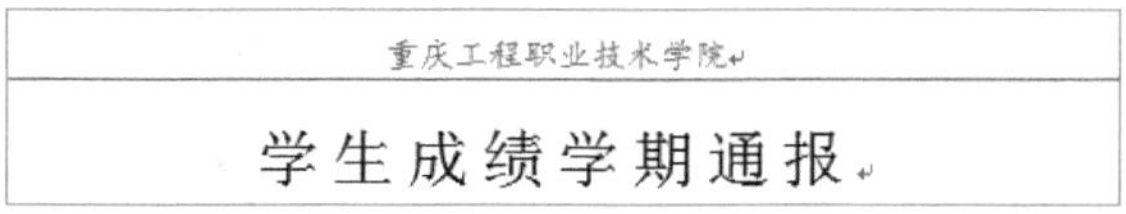

图 1.6.15　设置页眉示例

2. 主文档页面设置

设置成绩通知单的纸张大小和页边距。

（1）单击"页面布局"选项卡→"页面设置"组→"纸张大小"下拉按钮

→"B5"型样式，设置纸张为 B5（18.2cm×25.7cm）大小。

（2）点击"页面布局"选项卡→"页面设置"组→"页边距"的下拉按钮→"自定义边距"选项，在弹出的"页面设置"对话框中设置上下边距为"2.5 厘米"，左右边距为"2 厘米"，如图 1.6.16 所示。

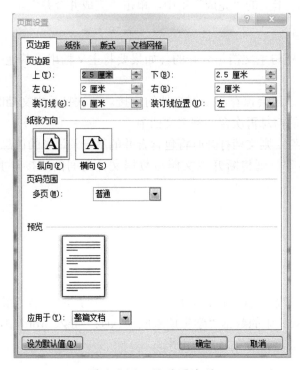

图 1.6.16　设置页边距

（3）单击"页面布局"选项卡→"页面背景"组→"水印"的下拉按钮→"自定义水印"选项，弹出"水印"对话框，如图 1.6.17 所示。在"水印"对话框中设置图片水印，选择所需图片，并设置"冲蚀"效果，如图 1.6.18 所示。

图 1.6.17　"水印"对话框

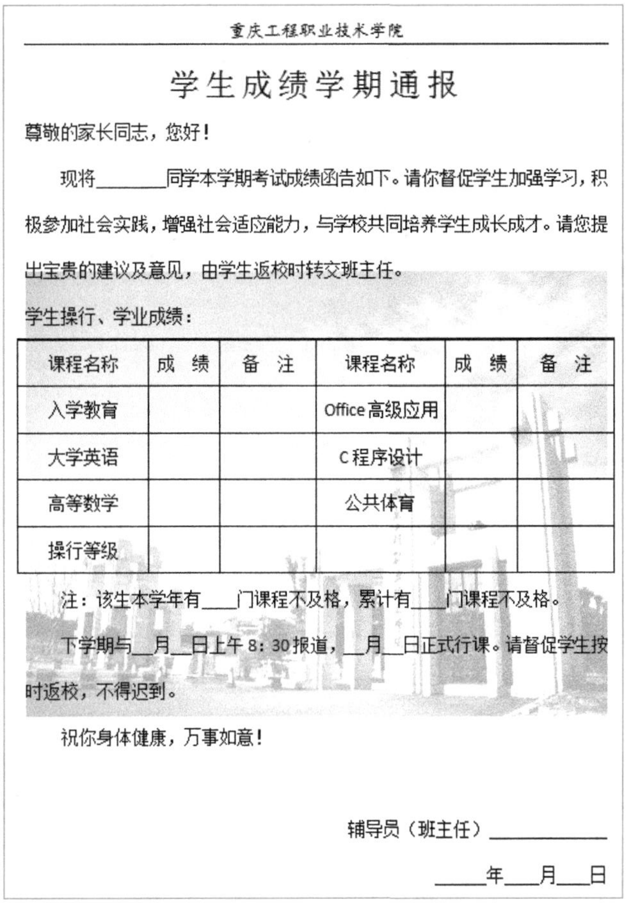

重庆工程职业技术学院

学生成绩学期通报

尊敬的家长同志，您好！

现将_______同学本学期考试成绩函告如下。请你督促学生加强学习，积极参加社会实践，增强社会适应能力，与学校共同培养学生成长成才。请您提出宝贵的建议及意见，由学生返校时转交班主任。

学生操行、学业成绩：

课程名称	成　绩	备　注	课程名称	成　绩	备　注
入学教育			Office高级应用		
大学英语			C程序设计		
高等数学			公共体育		
操行等级					

注：该生本学年有___门课程不及格，累计有___门课程不及格。

下学期与__月__日上午8：30报道，__月__日正式行课。请督促学生按时返校，不得迟到。

祝你身体健康，万事如意！

辅导员（班主任）___________

_____年___月___日

图 1.6.18　设置图片水印效果

3. 将主文档保存为模板

由于成绩通知单是每个学期期末都要发送的，且其格式基本变化不大，所以可以将其保存为模板，以后再次使用时，不用再重新设计，只需在其基础上做一些修改即可。

（1）点击“文件”，选择“另存为”，在弹出的“另存为”对话框左侧选择 Word 模板“Templates”，文件名为“学生成绩学期通报”，保存类型为“Word 模板”，点击“保存”按钮，如图 1.6.19 所示。

（2）若下次要使用该模板，只需单击“文件”，选择“打开”，在弹出的“打开”对话框左侧选择“Templates”，选择文件名为“学生成绩学期通报”的模板，单击“打开”按钮即可。

4. 邮件合并

由于每位同学的个人信息和成绩各不相同，先将如图 1.6.20 所示学生期末成绩信息保存在 Excel 电子表格中，然后通过邮件合并从 Excel 中将这些信息导出到 Word 文档中，为每位同学生成一份有个人信息的成绩通知单。

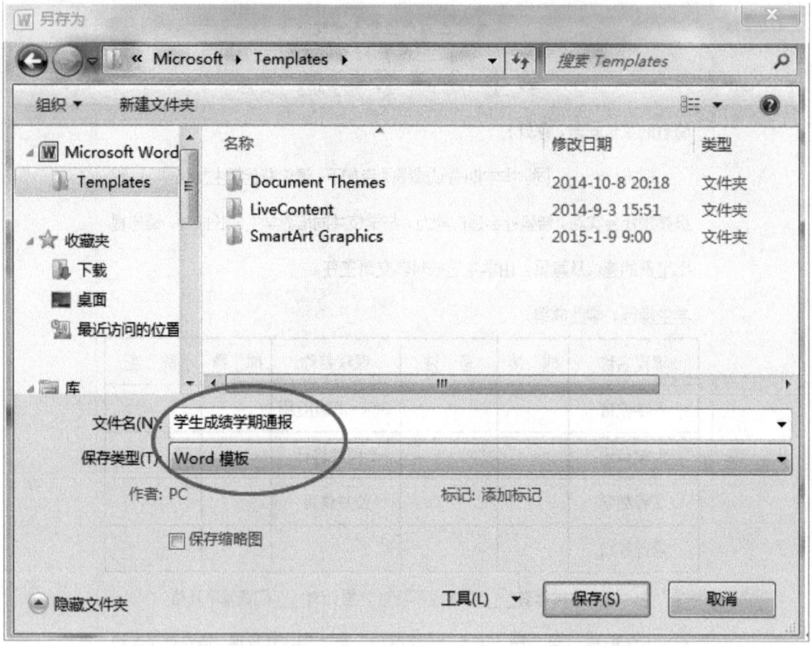

图 1.6.19 将通知书保存为模板

	B	C	D	E	F	G	H	I	J	K	L
1	姓名	门数	不及格门数	总不及格门数	入学教育	大学英语	高等数学	公共体育	C程序设计	OFFICE高级应用	操行等级
2	杨青	6	0	0	94	88	78	70	78	优秀	优秀
3	童阮	6	1	2	86	89	78	75	84	优秀	良好
4	张利	6	0	0	86	76	70	75	90	优秀	良好
5	刘百丽	6	0	1	81	81	63	95	85	优秀	良好
6	李伟	6	0	0	83	83	60	92	72	中等	良好
7	舒敏	6	0	0	86	89	69	90	84	中等	良好
8	杨芬	6	0	0	81	85	83	73	64	优秀	良好
9	李娜	6	0	0	90	85	60	70	83	优秀	优秀
10	李东杰	6	0	0	88	91	65	85	78	中等	良好
11	郭金龙	6	0	0	80	79	63	75	77	优秀	良好
12	袁明	6	0	0	83	86	70	76	78	良好	良好
13	张茉莉	6	0	0	88	76	75	70	82	优秀	良好
14	张兰芝	6	0	0	87	80	60	80	83	良好	良好
15	王南风	6	0	0	89	73	60	90	74	良好	良好
16	周国庆	6	0	0	81	82	70	70	80	中等	良好
17	张涛	6	0	0	81	77	63	77	80	优秀	良好
18	王秀敏	6	0	0	75	72	61	85	72	优秀	合格
19	李明威	6	0	0	82	85	66	77	60	优秀	良好
20	赵熊	6	0	0	74	88	64	70	76	优秀	合格
21	朱莹莹	6	0	0	80	77	76	68	69	中等	良好
22	朱建云	6	1	1	80	71	51	80	77	优秀	良好
23	张华	6	0	0	84	65	65	70	65	中等	良好
24	周民	6	0	0	84	65	66	70	60	良好	良好
25	王菲菲	6	1	1	86	72	47	63	60	优秀	良好
26	高浩	6	0	0	70	78	66	70	66	良好	合格
27	潘泰	6	1	1	70	87	54	70	60	良好	合格
28	向鸿	6	1	1	77	68	51	65	61	中等	合格
29	陈飞	6	4	5	75	44	39	70	32	及格	合格

图 1.6.20 数据源

　　（1）根据本学期课程学习情况及放假安排等制作本学期"学生成绩学期通报"，打开"学生成绩学期通报"模板，按图 1.6.21 所示录入内容。

重庆工程职业技术学院

学生成绩学期通报

尊敬的家长同志，您好！

现将_____同学本学期考试成绩函告如下。请你督促学生加强学习，积极参加社会实践，增强社会适应能力，与学校共同培养学生成长成才。请您提出宝贵的建议及意见，由学生返校时转交班主任。

学生操行、学业成绩：

课程名称	成 绩	备 注	课程名称	成 绩	备 注
入学教育			Office 高级应用		
大学英语			C 程序设计		
高等数学			公共体育		
操行等级					

注：该生本学年有____门课程不及格，累计有____门课程不及格。

下学期与 9 月 1 日上午 8：30 报道，9 月 4 日正式行课。请督促学生按时返校，不得迟到。

祝你身体健康，万事如意！

辅导员（班主任）　李老师

2015 年 7 月 10 日

图 1.6.21　使用模板制作学生成绩学期通报

（2）在成绩通知单主文档中，选择"邮件"选项卡的"开始邮件合并"组，单击"选择收件人"的下拉按钮，选择"使用现有列表"选项，如图 1.6.11 所示，找到"学生期末成绩表.xlsx"，并在弹出的对话框中选择信息所在的"Sheet1"并单击"确定"按钮。

 注意

作为导入信息的 Excel 工作表中不能有标题行，若有列标题，如姓名、性别等，要选中图中的"数据首行包含列标题"选项。

（3）在如图 1.6.21 所标示的地方，将插入点依次置于主文档中需要导入 Excel 信息的地方，选择"邮件"选项卡的"编写和插入域"组，单击"插入合并域"的下拉按钮，如图 1.6.22 所示，单击选择相应的列标题。如，将插入点放在表格中"姓名"列下方单元格中，单击"插入合并域"的下拉按钮选择"姓名"列。

（4）插入完成后如图 1.6.23 所示，需要注意的是，图中标记出来的地方表示插入的域，而非书名号。

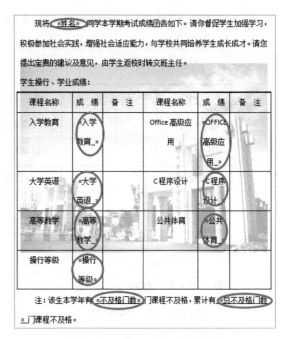

图 1.6.22　可以插入的域　　　　图 1.6.23　插入域以后的文档

（5）选择"邮件"选项卡→"完成"组→"完成并合并"的下拉按钮→"编辑单个文档"，在弹出的"合并到新文档"对话框中选择"全部"，单击"确定"按钮，这时会产生一个默认名为"信函 1"的新文档，该文档包含多页，即为每位学生单独创建一份成绩通知单。

（6）从信函 1 的左下角任务栏中可以看到，一共有 49 页，即为 Excel 中的一条记录对应一名同学，共为 49 名同学分别生成了成绩通知单；效果如图 1.6.24 所示。

5．保存及打印通知书

（1）保存信函 1，文件名为"学生成绩学期通报"。

（2）在信函 1 中，单击"文件"选项卡，选择"打印"，查看成绩通知单是否设置好，如果满意，则单击"开始"退出返回 Word 文档。

（3）单击"文件"选项卡→"打印"。在"打印"设置栏中设定"打印范围、份数"后，单击"打印按钮"　。

图 1.6.24 邮件合并完成后的部分页面示例

【能力拓展】

1. 为自己制作一张名片，设计方案自定（名片大小，长：9cm，宽：5cm）。

（1）可以加入水印、图片、表格、剪贴画、自选图形等；名片内容包括：单位名称、姓名、职务、联系方式等。

（2）以 2 种格式保存在指定文件夹，文件名为"名片"。

2. 帮助老师设计一套试卷模板。

格式如图 1.6.25 所示。

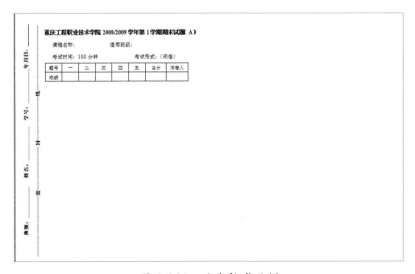

图 1.6.25 试卷格式示例

（1）试卷内容，如图 1.6.25 所示。

试卷左侧信息应包含：班级、姓名、学号、年月日；

试卷左上部信息应包含：试卷标题、课程名称、适用班级、考试时间、考试形式和题号与成绩。

（2）页面设置：

页边距：上下 1.6cm，左 0.5cm，右 1cm；

装订位置：上；纸张方向：横向；纸张大小：B4（JIS）；

页眉：1.6cm；页脚：1.75cm；页面对齐方式：顶端对齐；

（3）整个试卷分为 2 栏，并保存为模板。

3. 以"美丽的校园"为主题，设计一张电子板报。（图形、文字自定）

要求：

（1）纸张大小为 A3；

（2）纸张方向为横向。

4. 设计一张请柬，邀请客户参加新年团拜会，时间、地点、格式自定，数据来源参考任务 2.1 的【能力拓展】第 4 题。

项目 2
Excel 2010 表格处理

【项目导读】

　　本项目将介绍 Microsoft Office 2010 中的表格处理软件 Excel 2010 的基本操作和使用技巧。主要内容包括工作表数据的录入、数据的格式化、行列操作、工作表相关操作、公式与函数的应用、数据管理、图表与数据透视表、工作表页面设置与打印等。

【教学目标】

- ✓ 掌握 Excel 2010 的启动、退出和工作界面等基本知识。
- ✓ 掌握 Excel 2010 的数据录入、数据的格式化基本操作。
- ✓ 掌握 Excel 2010 工作表相关操作。
- ✓ 掌握 Excel 2010 公式与函数的应用。
- ✓ 掌握 Excel 2010 数据管理。
- ✓ 掌握 Excel 2010 图表与数据透视表。
- ✓ 掌握 Excel 2010 工作表页面设置与打印。

任务 2.1 创建电子表格——简单数据表的制作

Excel 2010 是 Microsoft 公司开发的 Office 2010 办公组件之一，主要用于数据处理工作等。Microsoft Excel 2010 提供了强大的数据分析和可视化功能，提供了大量的公式函数，使处理数据更高效、更灵活，因此被广泛应用于社会工作中的各个领域。

【任务描述】

信息工程学院软件实验班选拔考试后，学院需要掌握一份该班学生最新信息表，内容和格式如图 2.1.1 所示。

本次任务需录入各种数据，设置表格简单格式，给表格插入批注。

序号	学号	寝室号	姓名	性别	政治面貌	联系方式	出生日期	选拔考试成绩	家庭住址
\multicolumn{10}{c}{2013级软件实验班学生信息表}
\multicolumn{10}{c}{制表日期：2013-12-1}
1	0111001	3101	刘伟	男	共青团员	11573933047	1996年11月4日	95.00	重庆市沙坪坝区
2	0111002	3101	杨航天	男	共青团员	12453459911	1996年1月5日	75.00	重庆市石柱县
3	0111003	3101	袁波	男	群众	15831499731	1996年2月6日	77.00	重庆市秀山县
4	0111004	3102	陈贵	男	共青团员	15809346132	1996年5月7日	90.00	重庆市武隆县
5	0111005	3102	王全才	男	共青团员	15823461239	1996年10月8日	92.00	重庆市垫江县
6	0111006	3102	李海辉	男	中共党员	13023485301	1996年11月9日	88.00	四川省宜宾市
7	0111007	3102	赵佳燕	女	共青团员	13392345361	1996年1月10日	85.00	四川省眉山市
8	0111008	3103	吕方	男	共青团员	13384239465	1996年6月11日	82.00	四川省都江堰市
9	0111009	3105	孙胡一	男	群众	13999732356	1996年5月12日	66.00	重庆市云阳县
10	0111010	3107	郑天奎	男	共青团员	13911113432	1996年2月13日	69.00	重庆市梁平县

图 2.1.1 软件实验班学生信息表

【相关知识】

2.1.1 Excel 2010 启动和退出

Excel 2010 的启动和退出与 Word 2010 相同，不再重复叙述。

2.1.2　Excel 2010 工作界面

在 Windows 操作系统下，启动 Excel 2010 后，弹出 Excel 2010 窗口，Excel 2010 的工作界面与 Word 2010 相似，其工作界面及其主要说明如图 2.1.2 所示。

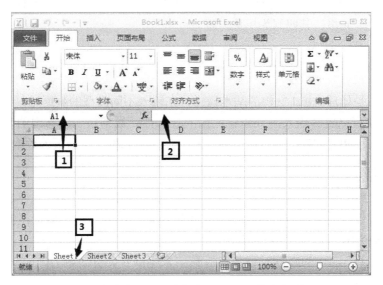

1—名称框；2—编辑栏；3—工作表标签

图 2.1.2　Excel 2010 工作主界面

2.1.3　工作簿和工作表基本概念

1. 工作簿

工作簿即常用的 Excel 文档，工作簿是用来处理工作数据并存储的文件，其扩展名为 xlsx，一个工作簿可以拥有多个工作表，打开一个 Excel 文档，默认有 3 个工作表，每个工作表可以存储不同的数据，每个工作表相互独立。因此，如要管理多种类型的信息时，可以不必建立或打开多个工作簿，而直接在一个工作簿中通过切换对多个工作表进行操作。

2. 工作表

工作表就是电子表格，工作表只能存储在工作簿中。一个工作簿中默认有 3 个工作表，标签名分别为 Sheet1、Sheet2、Sheet3，可以插入、删除、重命名工作表，其中，标签背景为白色的工作表表示活动工作表，即当前正在进行操作的工作表。各个工作表通过鼠标单击其对应的标签名可进行切换。

工作表左侧为行号，编号为"1~1048576"，工作表上部为列标，编号为"A、B、C、D……"，一共有 16384 列，由行号和列标对应一个单元格，如：A3、B2 等，工作表由单元格组成，一个工作表含有 1048576×16384 个单元格。

3. 单元格

单元格是 Excel 中进行数据输入和处理的基本单位，由工作表上部的列标和工作表左侧的行号确定其固定地址，固定地址列标在前，行号在后，如 D2 就是表示工作表中第 D 列和第 2 行交叉处的单元格，当选中单元格进行数据输入和编辑时，被选中的单元格称为活动单元格，其四周为黑色方框。

2.1.4 数据录入

数据录入是处理 Excel 文档的基本操作，在输入不同类型的数据时，针对其采用不同的输入方法可以提高输入的效率和数据的准确性。数据录入中常用的数据类型有数值、文本、日期和时间等。数据录入时，首先选择单元格，然后录入数据。

1. 数值录入

在 Excel 2010 中，数值输入时常用的有 0、1、2、3、4、5、6、7、8、9、+、- 等。因单元格格式默认为常规，输入的数据按照常规显示，如：-3.2，87，-5.83 等。

（1）保留小数点后数字末尾的 0

在 Excel 中，输入的数据时小数点后数字末尾的 0 会自动省去，如 9.20，在 Excel 中显示为 9.2。如希望保留小数点后数字末尾的 0，如图 2.1.3 所示，则必须在"设置单元格格式"对话框中设置。方法为：输入数据后，选中需设置格式的单元格，单击鼠标右键，在弹出的菜单中选择"设置单元格格式"，即弹出如图 2.1.4 所示对话框。在"设置单元格格式"对话框中的"数字"选项卡"分类"框中选择"数值"，再在右边的"小数位数"中选择需保留的小数位数。

	A	B	C	D	E
1	数据输入示例				
2	保留小数点数字后的0	保留数字前的0	输入分数	科学计算法	数据百分比
3	9.30	05111	1/2	1.24E+02	23.00%
4	10.00	05112	1/3	3.21E+05	64.34%
5	5.70	05113	3/7	5.12E-01	50.00%

图 2.1.3　数据输入示例

（2）保留数字前的 0

在 Excel 中，输入的数据前的 0 会自动省去，如输入 0321，在 Excel 中显示为 321。如希望保留数字前的 0，则在输入前加上"'"，如输入' 0321，即可保留数字前的 0。

（3）输入分数

在 Excel 中，以分数形式输入的数值，Excel 会当作日期处理，如输入 3/4，在 Excel 中显示为 3 月 4 日，如希望以分数形式显示，则在输入数值前加上 0 和空格，如输入 0 3/4 即可。

（4）科学记数法

在 Excel 中，如果希望输入的数据以科学记数法显示，则在"设置单元格格式"对话框中的"数字"选项卡"分类"框中选择"科学记数",在右边的"小数位数"中选择需保留的小数位数。

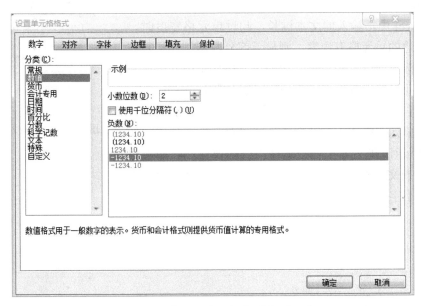

图 2.1.4 "设置单元格格式"对话框

（5）数据百分比

在 Excel 中,如果希望输入的数据显示其百分比,如输入 0.72,显示为 72%,则输入 0.72 后,选择该单元格,在"设置单元格格式"对话框中的"分类"框中选择"百分比",在右边的"小数位数"中选择需保留的小数位数。

> **注意**
>
> （1）正数符号"+"一般不显示。
> （2）数值数据默认右对齐,文本数据默认左对齐。
> （3）单元格显示"##"符号时,一般表示数值太长,单元格不能完整显示,可以调整单元格列宽来达到完整显示。

2．文本录入

在 Excel 2010 中,文本有字母、汉字、数字和其他能从键盘输入的字符,有些数值型数据,如 123,可以通过在其前面加"'"将其转换为文本型数据,如输入'123,同样显示为 123,但其为文本型数据。

如需再转换为数值型数据，操作方法为：选中数据所在的单元格，点击左边黄色感叹号，在弹出的下拉菜单中选择"转换为数字"，如图2.1.5 所示。

在 Excel 中，输入的文本过长，超过单元格宽度时，如果其右边的单元格有内容，则显示部分数据，如果其右边的单元格无内容，则覆盖右边的单元格显示内容。如果想超出单元格的内容换行显示，选中需设置格式的单元格，单击鼠标右键，在弹出的菜单中选择"设置单元格格式"，在"设置单元格格式"对话框中选择"对齐"选项卡，如图 2.1.6 所示，在文本控制中选择"自动换行"。如果想整个过长的文本在单元格的一行中显示，则在图 2.1.6 中选择"缩小字体填充"。

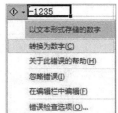

图 2.1.5　转换为数字

图 2.1.6　"设置单元格格式"对话框中"对齐"选项卡

3. 日期和时间

在 Excel 2010 中，日期数据默认显示为"年／月／日"的顺序，输入的数据用"/"或者"-"分隔，如输入：2015/1/3，显示为2015/1/3，如果想显示为2015 年 1 月 3 日，则输入数据后，选中需设置格式的单元格，单击鼠标右键，在弹出的菜单中选择"设置单元格格式"，在"设置单元格格式"对话框"数字"选项卡的"分类"中选择"日期"，在右边"类型"中选择正确的日期显示格式，如图 2.1.7 所示。

在 Excel 2010 中，输入时间时，用冒号分隔小时、分、秒，如输入 8:26:30，表示 8 小时 26 分 30 秒，显示为 8:26:30，如果想显示为 8 时 26 分 30 秒，或者 8:26:30 AM，则在图 2.1.7 所示的"分类"中选择"时间"，在右边"类型"中选择正确的时间显示格式。

图 2.1.7 "设置单元格格式"对话框中设置"日期"

> **注意**
>
> （1）按组合键【Ctrl+;】输入系统当前日期；
> （2）按组合键【Ctrl+Shift+;】输入系统当前时间；
> （3）选中单元格，在上方编辑栏中输入 =NOW() 输入系统当前日期时间。

4.快速填充

在 Excel 2010 中，当需要输入大量重复数据，如输入班上每个学生的班级名、专业、学校名等，或者输入的数据有一定的规律性，如学生的序号 5001，5002，5003……，偶数 2，4，6……，这时，可以使用如下介绍的快速填充方法来大大提高输入的效率。

（1）数据相同

输入大量的相同数据，如需要输入数据的单元格是不连续的，则首先用【Ctrl】键选择不连续的多个单元格，如图 2.1.8 所示，然后输入数据，最后按组合键【Ctrl+Enter】确认，效果如图 2.1.9 所示。

输入大量的相同数据，如需要输入数据的单元格是连续的，则首先在一个单元格中输入数据，然后将鼠标指向该单元格的右下角，当鼠标指针变为黑色实心"十"字符号时，如图 2.1.10 所示，按住鼠标不放，向需要填充数据的连续单元格拖动即可全部填充对应数据，效果如图 2.1.11 所示。

（2）有规律的数据

输入的数据有一定的规律性，如序号 5001，5003，5005……，首先在要填的区域的第一个单元格中输入数据，如 5001，然后在第二个单元格中输入数据 5003，用鼠标拖动选定这 2 个单元格，系统会自动将输入的 2 个数值相减，得的差值作为数据序列的步长值，接着将鼠标指向这 2 个选定单元格的右下角，当鼠标指针变为黑色实心"十"字符号时，按住鼠标不放，向需要填充数据的连续单元格拖动即可全部填充对应数据。

如输入的数据是连续性的，如序号 5001，5002，5003……，首先在要填充的区域的第一个单元格中输入数据，如 5001，再移动鼠标到该单元格右下角，当鼠标指针变为黑色实心"十"字符号时，按住【Ctrl】键同时拖动，即可完成序号的自动填充。

<table>
<tr><td></td><td>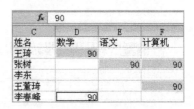</td></tr>
<tr><td>图 2.1.8　选择不连续的单元格</td><td>图 2.1.9　快速填充不连续的单元格</td></tr>
<tr><td>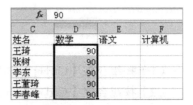</td><td></td></tr>
<tr><td>图 2.1.10　选择单元格右下角</td><td>图 2.1.11　快速填充连续的单元格</td></tr>
</table>

5. "序列"对话框

在 Excel 中输入有规律的数据时，除了使用上述介绍的方法外，还可以使用 Excel 中的"序列"对话框来实现，"序列"对话框中可以实现更多的功能。

打开"序列"对话框的步骤为：

（1）选择 Excel 菜单栏上的"开始"选项卡→"编辑"组→"填充"按钮，如图 2.1.12 所示。

图 2.1.12　选择"填充"按钮

（2）在弹出的下拉列表中选择"系列"，弹出"序列"对话框，如图 2.1.13 所示。

图 2.1.13 "序列"对话框

"序列"对话框中的各项功能介绍如下:

● "序列产生在"中的"行""列"选项,用来规定数据的填充方向是按行的方向还是列的方向。

● "类型"中的选项是规定数据填充的规律,按等差、等比、日期填充等。

● "步长值"规定序列增加(正数)或减少的数量(负数)。

● "终止值"指定序列的最后一个值。

使用"序列"对话框填充数据时,首先在填充区域的第一个单元格中输入数据,然后用鼠标选定整个数据的填充区域,单击"填充"按钮,在弹出的"序列"对话框中设置各项选项,单击"确定"。

2.1.5　数据有效性验证

在日常工作中,常常要考虑用户输入数据的有效性、正确性,如年龄数据的输入不能超过 100,性别数据除了男、女不能输入其他数据等。在 Excel 中,可以对输入的数据类型进行指定。规定数据的有效范围步骤如下,如指定年龄数据的有效范围为 0~100。方法如下:

(1)选择要规定数据的有效范围的单元格区域。

(2)选择菜单栏上"数据"选项卡"数据工具"组中的"数据有效性"命令,如图 2.1.14 所示。

图 2.1.14　"数据有效性"按钮

(3)单击列表中的"数据有效性"按钮,弹出"数据有效性"对话框,如图 2.1.15 所示。

● "允许"选项:指定输入数据的类型,有整数、小数、文本长度等。根据实际情况选择是否忽略空值。

● "数据"选项:判断数据的条件,有介于、大于、小于等。

这里在"有效性条件"选项的"允许"中选择"整数",在"数据"中选择"介于",在"最小值"处选择"0",在"最大值"处选择"100",单击"确定"即可。

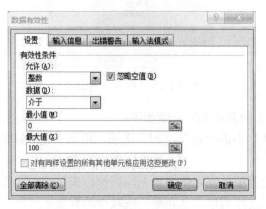

图 2.1.15 "数据有效性"对话框

（4）如果要求在输入数据时提示用户输入数据的范围,可以在"数据有效性"对话框中,选择"输入信息"选项卡,勾选"选定单元格时显示输入信息",在"标题"和"输入信息"文本框中输入相关提示信息,如图 2.1.16 所示。

（5）如果要求用户输入数据,当数据不在指定的有效范围内时给出出错的提示信息,可以在"数据有效性"对话框中,选择"出错警告"选项卡,勾选"输入无效数据时显示出错警告",在"样式"中选择错误提示图标,在"标题"和"错误信息"中输入相关提示信息,如图 2.1.17 所示。

图 2.1.16 "输入信息"选项卡 　　图 2.1.17 "出错警告"选项卡

通过设置,输入数据前的提示信息效果如图 2.1.18 所示,输入数据出错后的提示信息如图 2.1.19 所示。

图 2.1.18　输入数据前的提示信息　　图 2.1.19　输入数据出错后的提示信息

2.1.6　表格格式化

在 Excel 中，用户可以对表格进行合并单元格、删除单元格、清除单元格、设置单元格格式、改变行高或列宽等操作。

1. 合并单元格

用鼠标选定需要合并的单元格，单击鼠标右键，在弹出的快捷菜单中选择"设置单元格格式"，或者选择"开始"选项卡"单元格"组中的"格式"命令，选择"设置单元格格式"，如图 2.1.20 所示。

图 2.1.20　"开始"选项卡中"格式"命令

在弹出的"设置单元格格式"对话框中选择"对齐"选项卡，在其中的"文本控制"中选择"合并单元格"，如图 2.1.21 所示。

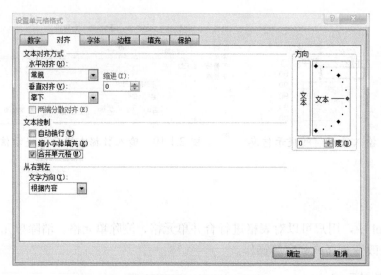

图 2.1.21　合并单元格

2. 设置单元格边框、背景色

　　用鼠标选定需要设置边框、背景色的单元格，单击鼠标右键，在弹出的快捷菜单中选择"设置单元格格式"，或者选择"开始"选项卡"单元格"组中的"格式"命令，单击"设置单元格格式"。

　　在弹出的"设置单元格格式"对话框中选择"边框"选项卡，设置单元格边框，如图 2.1.22 所示。

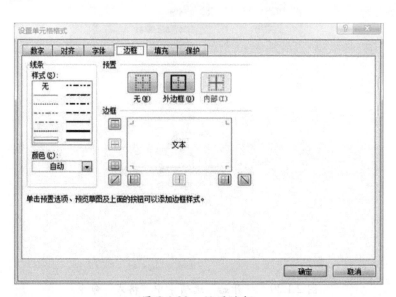

图 2.1.22　设置边框

- 线条：设置边框的样式，虚线、实线、粗线等。
- 颜色：设置边框线条的颜色。

● 预置：单击"无"，去掉边框样式；单击"外边框"，设置表格外边框样式（再次点击删除边框）；点击"内部"，设置表格内边框样式（再次点击删除边框），选择后，在下方会有预览效果。

● 边框：通过单击"▦"上边框样式、"▦"下边框样式、"▦"左边框样式等自由定义边框样式。

> ◆ 注意
>
> 在定义单元格边框样式时，应先选择线条或颜色后再选择"外边框""内部"等，这样才能正确添加边框样式，如先选择"外边框""内部"，再选择线条或颜色后单击"确定"的做法是错误的。

在弹出的"设置单元格格式"对话框中选择"填充"选项卡，设置单元格背景颜色等，如图 2.1.23 所示。

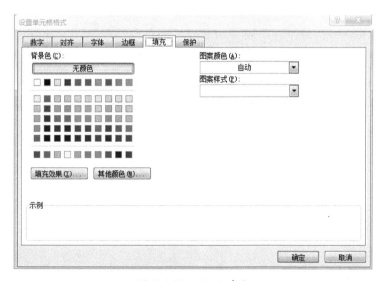

图 2.1.23 设置填充

● 背景色：设置单元格的背景颜色。

● 填充效果：设置单元格渐变色、底纹样式。

● 图案样式：设置单元格的图案样式。鼠标在图案上停留会显示其说明，如：逆对角线条纹、对角线条纹、垂直条纹等。

● 图案颜色：设置单元格的图案颜色。鼠标在颜色上停留会显示其说明，如：蓝色，紫色，强调文字颜色4，深色，25%等。

3. 设置字体大小、颜色

方法1：用鼠标选定需要设置字体的单元格，单击鼠标右键，在弹出的快捷菜单中选择"设置单元格格式"，在弹出的"设置单元格格式"对话框中选择"字体"选项卡，在其中可以设置单元格中字体的字形、字号、颜色等内容，如图 2.1.24 所示。

图 2.1.24 设置字体

方法2：用鼠标选定需要设置字体的单元格，选择"开始"选项卡"字体"组中的各项选项，设置单元格中字体的字形、字号、颜色等内容，如图 2.1.25 所示。

图 2.1.25 "开始"选项卡中的"字体"组

4. 设置单元格对齐方式

方法1：用鼠标选定需要设置的单元格，选择"开始"选项卡"对齐方式"组中的各项选项，设置单元格为顶端对齐、垂直居中、文本右对齐等对齐方式，如图 2.1.26 所示。

图 2.1.26 "开始"选项卡中的"对齐方式"组

项目 2

方法2：用鼠标选定需要设置字体的单元格，单击鼠标右键，在弹出的快捷菜单中选择"设置单元格格式"，在弹出的"设置单元格格式"对话框中选择"对齐"选项卡，如图 2.1.27 所示。

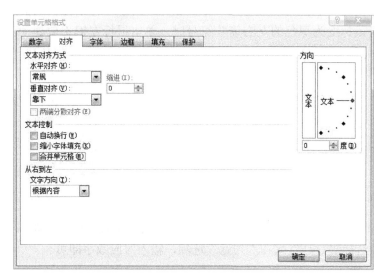

图 2.1.27　设置对齐

● 水平对齐：选择单元格中内容的水平对齐方式。默认情况下，单元格中的文本是左对齐，数字是右对齐，逻辑值和错误值是居中对齐。

● 垂直对齐：选择单元格中内容的垂直对齐方式。

● 缩进：水平对齐方式设置成"靠左缩进""靠右缩进"等时，在"缩进"中填写缩进值。

● 自动换行：勾选后，当单元格数据长度超过单元格宽度时，自动换行显示。

● 缩小字体填充：勾选后，当单元格数据长度超过单元格宽度时，自动缩小外观尺寸适应单元格的宽度。

● 合并单元格：勾选后，将所选的多个单元格合并为一个单元格。

● 文字方向：选择其读取顺序和对齐方式。

● 方向：选择单元格内文本的方向，多结合"度"选项使用，也可以手动旋转。

● 度：指定单元格内文本的旋转度数，如输入正数，则是逆时针旋转，反之则是顺时针旋转。

 注意

选中单元格，按【Delete】键可以清除单元格中的内容。

5. 调整行、列

（1）调整行高或列宽

方法 1：将鼠标移到需要调整的行的左侧边线处，当鼠标变为黑色的上下箭头符号时，单击鼠标左键不放拖动改变行高，如图 2.1.28 所示。将鼠标移到需要调整的列上侧边线处，当鼠标变为黑色的左右箭头符号时，单击鼠标左键不放拖动改变列宽，如图 2.1.29 所示。

图 2.1.28　调整行高　　　　　　　　　图 2.1.29　调整列宽

方法 2：选择"开始"选项卡"单元格"组中的"格式"按钮，如图 2.1.30 所示，在下拉菜单中选择"行高"或者"列宽"选项，输入对应数字即可。

图 2.1.30　"格式"按钮

方法 3：用鼠标选择要改变行高的行号，单击鼠标右键，在弹出的快捷菜单中选择"行高"，如图 2.1.31 所示，输入对应数字即可。用鼠标选择要改变列宽的列标，单击鼠标右键，在弹出的快捷菜单中选择"列宽"，如图 2.1.32 所示，输入对应数字即可。

图 2.1.31　右键快捷菜单选择"行高"　　　图 2.1.32　右键快捷菜单选择"列宽"

（2）插入、删除行或列

用鼠标选择要插入行的行号，单击鼠标右键，在弹出的快捷菜单中选择"插入"，如图 2.1.33 所示，在上方插入一行，用鼠标选择要插入列的列标，单击鼠标右键，在弹出的快捷菜单中选择"插入"，如图 2.1.34 所示，在左方插入一列。

图 2.1.33　右键快捷菜单中选择"插入"行　　　图 2.1.34　右键快捷菜单中选择"插入"列

用鼠标选择要删除行的行号，单击鼠标右键，在弹出的快捷菜单中选择"删除"，删除选中行，用鼠标选择要删除列的列标，单击鼠标右键，在弹出的快捷菜单中选择"删除"，删除选中列。

（3）隐藏行或列

用鼠标选择要隐藏行的行号，单击鼠标右键，在弹出的快捷菜单中选择"隐藏"，隐藏选中行，如图 2.1.35 所示，要取消隐藏行，选中被隐藏行的前后 2 行，单击鼠标右键，在弹出的快捷菜单中选择"取消隐藏"即可。

隐藏列的操作与隐藏行操作类似，也可以用第二种方法：用鼠标选中要隐藏列中的任意一个单元格，选择"开始"选项卡"单元格"组中的"格式"按钮，在下列菜单中选择"隐藏和取消隐藏"，在列表中选择"隐藏列"，如图 2.1.36 所示。

图 2.1.35　"隐藏"行　　　　　　　图 2.1.36　隐藏列

2.1.7 工作表相关操作

1. 插入工作表

Excel 中一个工作簿默认有 3 个工作表，在实际操作中，可以添加多个工作表。

方法 1：选择工作簿中工作表标签旁的"插入工作表（快捷键【Shift+F11】）"按钮，如图 2.1.37 所示，在工作表标签最右方新建一个工作表。

图 2.1.37 "插入工作表"按钮

方法 2：选择"开始"选项卡"单元格"组中的"插入"命令，在下拉列表中选择"插入工作表"按钮，如图 2.1.38 所示。在当前选定工作表的前面插入新工作表。

图 2.1.38 "开始"选项卡中的"插入工作表"按钮

方法 3：选择一个工作表标签，单击鼠标右键选择"插入"，在弹出的对话框中选择"工作表"，单击"确定"，在当前选定工作表的前面插入新工作表。

2. 重命名工作表

工作表默认名称为 Sheet1、Sheet2、Sheet3…，如需重命名工作表，方法如下：

方法 1：选择工作表标签，单击鼠标右键选择"重命名"，如图 2.1.39 所示，输入新名称，按【Enter】键确定。

方法 2：选择工作表标签，双击鼠标左键，输入新名称，按【Enter】键确定。

3. 工作表的移动、复制

选择工作表标签，单击鼠标右键选择"移动或复制表"，在如图 2.1.40 所示的"移动或复制工作表"对话框中，在工作簿中选择工作簿名称，在"下列选定工作表之前"选择工作表的位置，勾选"建立副本"复选框，即是将工作表复制粘贴到指定位置，否则，则是工作表的移动操作。

图 2.1.39　"重命名"工作表标签　　　图 2.1.40　移动或复制表

2.1.8　批注

在 Excel 2010 中对单元格添加批注可以让用户更容易了解该单元格的含义，添加批注的步骤如下：

选择对应的单元格，单击"审阅"选项卡"批注"组中"新建批注"命令，如图 2.1.41 所示。也可以选择对应的单元格，单击鼠标右键，在弹出的快捷菜单中选择"插入批注"，如图 2.1.42 所示。在批注框中输入内容即可。完成后，默认为当鼠标指向该单元格时，才显示批注内容，否则隐藏，如图 2.1.43 所示。

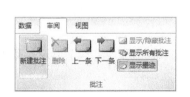

图 2.1.41　"审阅"选项卡"批注"组　　图 2.1.42　快捷菜单中选择"插入批注"

可以通过单击"审阅"选项卡"批注"组中的"显示所有批注"命令，显示所有批注，如果要删除批注，选中添加了批注的单元格，单击"审阅"选项卡"批注"组中的"删除"命令，或者单击鼠标右键，在弹出的快捷菜单中选择"删除批注"，如图 2.1.44 所示。

图 2.1.43　显示批注内容　　　图 2.1.44　快捷菜单中选择"删除批注"

2.1.9 保存工作簿

Excel 2010 保存工作簿方法与 Word 2010 文档保存方法基本相同，不再重复叙述。

【任务实施】

要完成图 2.1.1 所示"软件实验班学生信息表"的创建和编辑，步骤如下：

1. 创建文档

（1）创建一个文件名为"软件实验班学生信息表"、扩展名为 .xlsx 的 Excel 工作簿。

（2）单击"保存"按钮，将文档暂时存盘到指定位置。

2. 输入表格数据

（1）输入标题和表头信息

在 A1 单元格输入表格标题"2013 级软件实验班学生信息表"，在 A2 单元格中输入"制表日期：2013-12-1"，在 A3:J3 单元格区域中分别输入各列标题"序号"～"家庭住址"。

（2）输入表中数据

❶ 采用数据自动填充的方式输入"序号"信息。选中 A4 单元格，输入数据"1"，再移动鼠标到 A4 单元格右下角，当出现填充柄实心"十"字型时，按住 Ctrl 键同时拖动鼠标至 A13 单元格，即可完成序号的自动递增填充。

❷ "学号"信息录入时，先将该列单元格格式设置为"文本"再录入数据，也可采用数据自动填充方式完成录入。

❸ "性别"录入前，先选中 E4:E13 单元格区域，在"数据"选项卡的"数据工具"组中打开"数据有效性"对话框，按照图 2.1.45（a）所示设置后进行录入；"政治面貌"采用同样方式，按照图 2.1.45（b）所示设置后进行录入。

（a）   （b）

图 2.1.45 "数据有效性"设置

❹ "出生日期"录入时注意，在年月日之间用"/"或"-"来分隔。

❺ 在其余相应单元格中输入对应数据信息，完成基础录入工作，录入完成后，效果如图 2.1.46 所示。

	A	B	C	D	E	F	G	H	I	J
1	2013级软件实验班学生信息表									
2	制表日期：2013-12-1									
3	序号	学号	寝室号	姓名	性别	政治面貌	联系方式	出生日期	选拔考试成绩	家庭住址
4	1	0111001	3101	刘伟	男	共青团员	11573933047	1996-11-4	95	重庆市沙坪坝区
5	2	0111002	3101	杨航天	男	共青团员	12453459911	1996-1-5	75	重庆市石柱县
6	3	0111003	3101	袁波	男	群众	15831499731	1996-2-6	77	重庆市秀山县
7	4	0111004	3102	陈贵	男	共青团员	15809346132	1996-5-7	90	重庆市武隆县
8	5	0111005	3102	王全才	男	共青团员	15823461239	1996-10-8	92	重庆市垫江县
9	6	0111006	3102	李海辉	男	中共党员	13023485301	1996-11-9	88	四川省宜宾市
10	7	0111007	3102	赵佳燕	女	共青团员	13392345361	1996-1-10	85	四川省眉山市
11	8	0111008	3103	吕方	男	共青团员	13384239465	1996-6-11	82	四川省都江堰市
12	9	0111009	3105	孙胡一	男	群众	13999732356	1996-5-12	66	重庆市云阳县
13	10	0111010	3107	郑天奎	男	共青团员	13911113432	1996-2-13	69	重庆市梁平县

图 2.1.46 基础录入工作

3. 表格格式化

（1）标题内容格式化

❶ 根据表格列标题共占有的单元格长度，将 A1:J1 单元格区域选中，合并及居中，使标题位于整个表格上方居中位置。

❷ 在"开始"选项卡的"字体"组中设置标题文字字体为黑体，加粗，字号为14，颜色为黑色。

❸ "制表日期"格式化：选中 A2:J2，在单元格格式设置中打开对齐选项卡，选择合并单元格并靠右对齐。字体为"宋体"，字号为 12，颜色为黑色。

（2）"出生日期"列格式化

选中 H4:H13，在"设置单元格格式"对话框的"数字"选项卡中设置"日期"类型显示。

（3）"选拔考生成绩"列格式化

选中 I4:I13，在"设置单元格格式"对话框的"数字"选项卡中设置"数值"类型，并保留 2 位小数显示。

（4）表格的美化设置

❶ 设置边框

选中 A3:J13 单元格区域，设置单元格格式，打开"边框"选项卡。先设置外边框，线条区选择"双线"，颜色区选"红色"，预置区选择外边框；后设置内边框，线条区选择"虚线"，颜色区选择"蓝色"，预置区选择"内部"，完成对表格边框的美化设置。

❷ 设置底纹

选择列标题A3:J3单元格区域，设置单元格格式，打开"填充"选项卡。背景色选择"橄榄色，强调文字颜色3，深色25%"；选择A4:J13单元格区域，设置单元格格式，打开"填充"选项卡。背景色选择"黄色"。

❸ 设置表格内容文字字体

将表格中所有内容设置字体为"宋体"，字号为 12 号，颜色为黑色，所有内容居中对齐。

❹ 设置行高列宽

选中表格，在"开始"选项卡的"单元格"组中，单击"格式"按钮，打开"行高"对话框，设置行高值为"30"；由于字体可能发生变大，单元格大小没有改变的话，部分内容无法正常显示，将会出现"####"符号，可根据需要用鼠标在列之间拖曳来调整到合适的列宽，也可在"开始"选项卡的"单元格"组中，单击"格式"按钮，打开"列宽"对话框，设置列宽值。

4. 插入批注框

选中 A1 单元格，选中"审阅"选项卡的"批注"组"新建批注"命令，在 A1 单元格旁就会出现一个批注框，在其中录入本表的备注内容。

5. 工作表重命名及移动与复制

（1）工作表重命名

选中 Sheet1 工作表标签，单击鼠标右键，在弹出的快捷菜单中选择"重命名"命令，更名为"2013 级软件实验班学生信息表"。

（2）工作表复制

将更名后的工作表选中，单击鼠标右键，在弹出的快捷菜单中选择"移动或复制"命令，选择将该工作表移动到本工作簿的目标位置，如需复制，则勾选"建立副本"。也可将该工作簿移动或复制到本地其他目标位置。

6. 保存工作簿

单击"文件"菜单，打开"另存为"对话框，选择好保存位置、文件名和文件类型，单击"保存"按钮，即可将文档保存在指定的文件夹中。

【能力拓展】

1. 新建一个空白工作簿，将 Sheet1 工作表更名为"2013 年度普通高等学校国家助学金获奖学生初审名单表"，按以下要求建立表格，保存到指定文件夹中。效果如图 2.1.47 所示。

（1）将标题设置为黑体，14 号字，加粗，居中；
（2）其余文字设置为宋体，12 号字，居中；
（3）表格边框设置为黑色单线；
（4）表格行高值设为 25；
（5）将工作簿另存，文件名为"2.1 能力拓展题"的 Excel 文档，保存到 F 盘。

2. 打开本节【能力拓展】第 1 题的 Excel 文档，在 Sheet2 工作表中建立以下表格，更名为"报销单"，再次进行保存。根据如图 2.1.48 所示效果制作"差旅费报销单"。

2013年度普通高等学校国家助学金获奖学生初审名单表

学校名称（公章）：

序号	学生姓名	院系	专业（标准全称）	班级（专业+序号）	助学金等级			学号	性别	民族	入学年月
					一等	二等	三等				
1	陈林	信息工程学院	计算机系统维护	计维111班		✓		1111115104	女	汉	2011年9月
2	李天璐	信息工程学院	计算机系统维护	计维111班			✓	1111115132	男	汉	2011年9月
3	蔡晓明	信息工程学院	计算机系统维护	计维111班			✓	1111115119	男	汉	2011年9月
4	李自成	信息工程学院	计算机系统维护	计维111班		✓		1111115127	男	汉	2011年9月
5	王艳	信息工程学院	计算机系统维护	计维111班	✓			1111115115	女	汉	2011年9月
6	罗一贵	信息工程学院	计算机系统维护	计维111班		✓		1111115134	男	汉	2011年9月
7	李方	信息工程学院	计算机系统维护	计维111班		✓		1111115129	男	汉	2011年9月
8	孙风顺	信息工程学院	计算机网络技术	网络111班	✓			1111112110	男	汉	2011年9月
9	王贵才	信息工程学院	计算机网络技术	网络111班		✓		1111112117	男	汉	2011年9月

图 2.1.47　2013 年度普通高等学校国家助学金获奖学生初审名单表

差旅费报销单

报销日期：

工作部门				姓名			职务			出差任务			
起止日期				实际天数	起讫地点	伙食补助费	市内交通费	长途车船费	旅馆费			其他费用	备注
									计算限额	发票金额	奖给		
月	日	月	日										
人民币（大写）													

图 2.1.48　差旅费报销单

3. 新建一空白工作簿，制作如图 2.1.49 所示的客户档案信息表，并保存。

客户档案信息

客户类别：	批发	档案编号：	126	制表日期：2015年3月15日	
客户资料				财务资料	
通讯地址：	北京市东风区海风大厦B座106号			户名：	张海铭
		邮编：	100053		
公司地址：	北京市东风区海林大厦A座106号			税号：	3505100000
		邮编：	100053	开户行：	广发银行
客户负责人：	王明亮	电话：	010-5287451	账号：	7451478632184600
业务负责人：	李海	业务负责人：	郭红	发票地址：	北京市罗斯福路206号
电话：	010-4632002	电话：	010-6584214		
传真：	010-4587541	传真：	010-4587544	电话：	010-4735624
发货地址：	北京市东风区平原路153号			公司性质：	民营企业
		邮编：	100053	经营项目：	化工材料
发货方式：	快递	收件人：	姚莉	主要负责人：	赵恩田
储运负责人：	张寒	联系电话：	010-4536562	电话：	010-4735624
备注：1.发货或订货请提前预约协商。2.先验货后打款。					

图 2.1.49　客户档案信息表

4. 新建一空白工作簿，制作如图 2.1.50 所示的专家信息库，并保存。

专家信息库

序号	姓名	单位	职称职务	电话	Email
1	赵小刚	上海经济和信息化委员会	总工程师	021-8125343	4116709@qq.com
2	张为民	北京市计算机信息安全学会	会长	010-3325314	4116710@qq.com
3	王智亚	广州市国家保密局	处长	020-3125145	4116711@qq.com
4	冯毕才	成都市信息安全测评中心	主任	028-4325342	4116712@qq.com
5	田宣	西安市公安局电子物证司法鉴定中心	主任	029-4325847	4116713@qq.com
6	庞绍龙	天津网安计算机技术服务中心	副总经理	022-4325548	4116714@qq.com
7	沈斌	新疆能投集团科技公司	高级工程师	0991-4325345	4116715@qq.com
8	梁骅	湖南大学自动化学院	教授	0731-4325350	4116716@qq.com
9	吴辉耀	长春仪集团压力研究所	所长	0431-8325351	4116717@qq.com
10	王才铭	中冶建工集团自动化工程处	主任	18623051119	4116718@qq.com
11	李洪毅	云南欧派信息科技有限责任公司	总经理	0871-3809970	4116719@qq.com

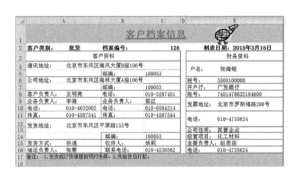

图 2.1.50　专家信息库

任务 2.2　公式与函数的应用——学生成绩表计算和统计

Excel 2010 作为 Office 2010 办公组件之一，主要用于数据处理、统计分析等工作。这些方面的工作，自然离不开数值计算，例如统计全班学生的平均成绩、最高成绩，根据公司员工的出勤情况，业务提成情况计算员工每月实发工资等，同时，Excel 还提供大量的公式函数，它们功能强大，为数字计算工作提供了很多便利。

【任务描述】

学期结束后，教务处制作了学生成绩统计表，统计了学生语文、数学、英语各科成绩，数学成绩及格人数，60 到 80 分的人数等，其内容和格式如图 2.2.1 所示。

本次任务需能根据数据选择对应公式和函数进行计算和统计。

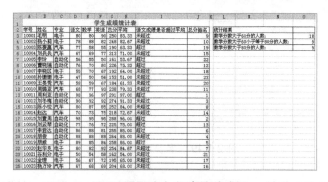

图 2.2.1　学生成绩统计表

【相关知识】

2.2.1　使用公式

公式一般在编辑栏中输入，首先选中单元格，然后在编辑栏中输入等号（=），再输入相应的运算元素和运算符，最后按回车键。

例如：=3+5+7 或者 =A1+B2

2.2.2 运算符

Excel 中有算术运算符、比较运算符、文本运算符和引用运算符四种。

1. 算术运算符

算术运算符如表 2.2.1 所示。

表 2.2.1　算术运算符

运算符	含义	示例
+	加法	3+2
-	减法	5-3
/	除法	7/2
*	乘法	2*3
^	乘方	2^5
%	百分号	10%

2. 比较运算符

比较运算符如表 2.2.2 所示，两个值的比较结果只可能是 TRUE 或 FALSE。

表 2.2.2　比较运算符

运算符	含义	示例	结果
=	等于	5=3	FALSE
>	大于	8>3	TRUE
<	小于	2<7	TRUE
>=	大于等于	9>=7	TRUE
<=	小于等于	11<=6	FALSE
<>	不等于	3<>9	TRUE

3. 文本连接运算符

文本连接运算符 "&"，其作用是连接一个或多个文本，例如：="办公"&"自动化" 的结果是 "办公自动化"。

4. 引用运算符

引用运算符主要用于对单元格区域进行合并计算。

（1）冒号（:）

区域运算符，例如 "=A1:C3"，表示对冒号两侧两个单元格之间区域所有单元格的引用，其引用单元格区域（红线区域）如图 2.2.2 所示。

（2）逗号（,）

联合运算符，将多个引用合为一个引用，例如：=SUM（A1:C3，D5），则是计算

A1:C3 区域中所有单元格的数值和，再加上 D5 单元格的数值总和。

（3）空格

交集运算符，在两个引用中取共有的单元格的引用。例如：= SUM（A1:C3 B2:D3），则是计算 A1:C3 和 B2:D3 两个区域的交叉区域（红线区域）的所有单元格数值之和，如图 2.2.3 所示。

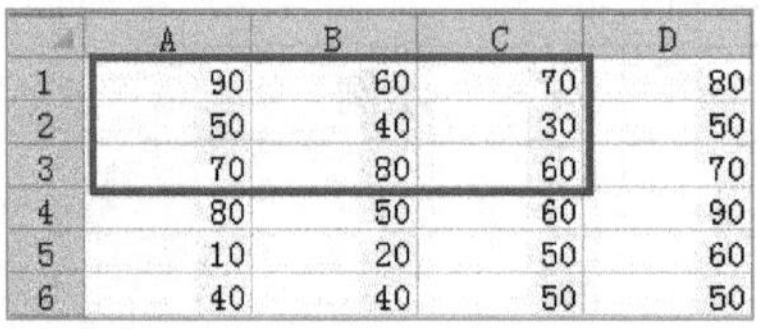

	A	B	C	D
1	90	60	70	80
2	50	40	30	50
3	70	80	60	70
4	80	50	60	90
5	10	20	50	60
6	40	40	50	50

图 2.2.2　A1:C3 引用单元格区域

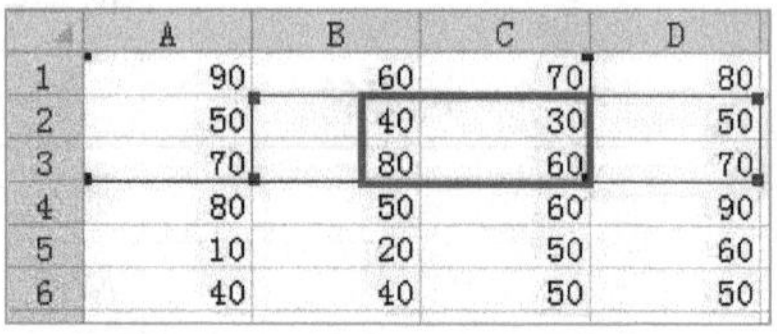

	A	B	C	D
1	90	60	70	80
2	50	40	30	50
3	70	80	60	70
4	80	50	60	90
5	10	20	50	60
6	40	40	50	50

图 2.2.3　空格使用示例

5. 运算符优先级

如果一个公式中存在多个运算符，其运算符优先级为：

引用运算符 > 负号（-）> 百分比（%）> 乘方（^）> 乘和除（*，/）

> 加和减（+，-）> 文本连接运算符（&）> 比较运算符。

如运算符优先级相同，则从左到右进行计算。

可以使用括号将公式中需要先计算的部分括起来优先计算，改变运算的顺序，如公式：=1+5*3，结果为 16，先计算 5*3，再加 1。但是，使用括号将公式中 1+5 括起来后，公式为：=（1+5）*3，结果为 18，先计算 1+5，再乘以 3。

2.2.3　单元格地址引用

在 Excel 中，单元格地址引用分为相对引用、绝对引用和混合引用三种。

1. 相对引用

单元格地址是由列标和行号确定的，如 B1、C1 等，例如在 C1 单元格中输入“=B1”，表示 C1 单元格引用 B1 单元格的内容。

在 Excel 中，相对引用为默认的单元格引用，相对引用是指含有单元格地址引用的公式位置发生变化时，公式中的单元格地址会随之改变。

例如在 C1 单元格中输入“=A1+B1”，如图 2.2.4 所示， 把 C1 单元格中的公式复制或拖动填充到 C2 单元格时，如图 2.2.5 所示，C2 单元格内的公式则自动调整为“=A2+B2”，如图 2.2.6 所示。

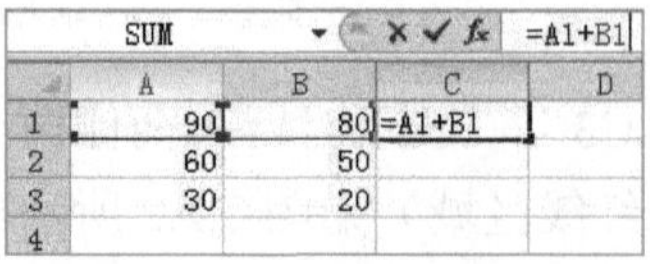

SUM　=A1+B1

	A	B	C	D
1	90	80	=A1+B1	
2	60	50		
3	30	20		
4				

图 2.2.4　相对引用 C1 单元格

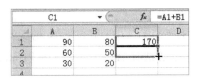

图 2.2.5　拖动填充到 C2 单元格　　　　图 2.2.6　相对引用 C2 单元格

2. 绝对引用

绝对引用是在引用单元格中加美元符号（"$"），如上述 C1 单元格中输入 "=$A$1+$B$1，绝对引用的含义是含有单元格地址引用的公式位置发生变化时，公式中的单元格地址保持不变。

例如在 C1 单元格中输入 "=$A$1+$B$1"，如图 2.2.7 所示，把 C1 单元格中的公式复制或拖动填充到 C2 单元格时，C2 单元格内的公式仍为 "=$A$1+$B$1"，如图 2.2.8 所示。

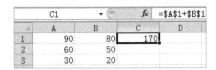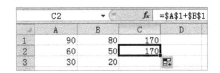

图 2.2.7　绝对引用 C1 单元格　　　　图 2.2.8　绝对引用 C2 单元格

3. 混合引用

混合引用指单元格的引用的方式为 "$A1"（绝对列，相对行）、"A$1"（相对列，绝对行），混合引用的含义是含有单元格地址引用的公式位置发生变化时，公式中的单元格相对引用自动调整，而绝对引用不变。

例如在 C1 单元格中输入 "=A$1+$B1"，如图 2.2.9 所示，把 C1 单元格中的公式复制或拖动填充到 C2 单元格时，C2 单元格内的公式则自动调整为 "=A$1+$B2"，如图 2.2.10 所示。

图 2.2.9　混合引用 C1 单元格　　　　图 2.2.10　混合引用 C2 单元格

2.2.4　引用不同工作表中的内容

在 Excel 中，如果引用的单元格来自于不同的工作表，引用为 "=[工作表名]! 单元格地址"。

例如计算如图 2.2.11 中所示的销售金额计算，需要引用"价格单"工作表中的"单价"如图 2.2.12 所示，销售金额 = 销售数量 × 单价，则在 C2 单元格中应输入 = "B2*价格单!B5"，如图 2.2.13 所示。也可以选中"销售统计"工作表中 C2 单元格，输入 "=B2*"，然后单击 "价格单" 工作表标签切换工作表，鼠标左键选择 B5 单元格，按【Enter】键。

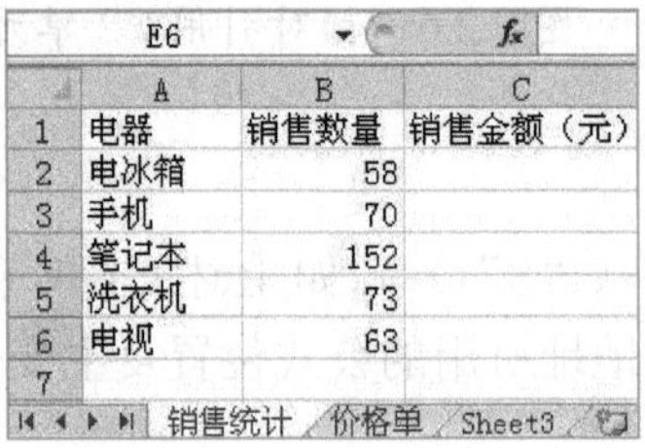

图 2.2.11　"销售统计"工作表 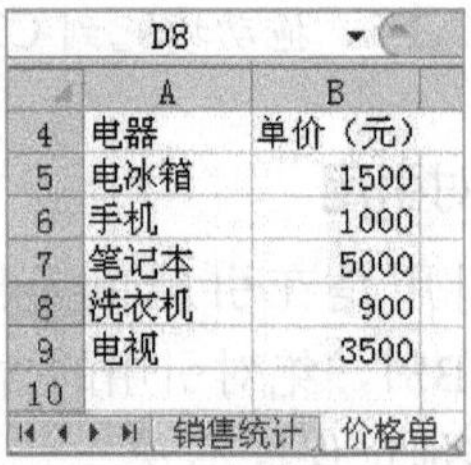　　图 2.2.12　"价格单"工作表

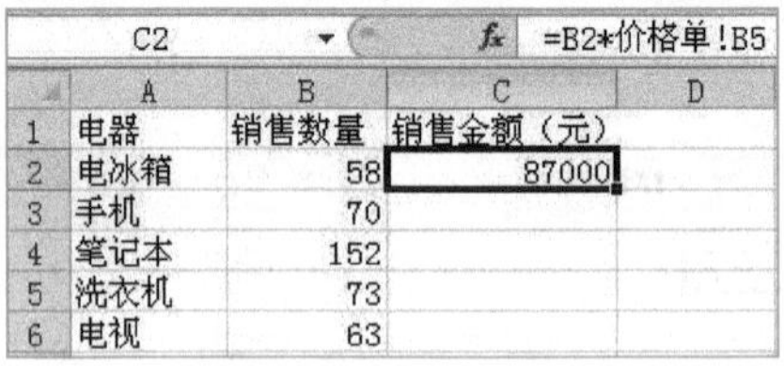

图 2.2.13　销售金额 C2 单元格

在 Excel 中，如果引用的单元格来自于不同工作簿中的工作表，引用为 "=[工作簿名][工作表名]! 单元格地址"。

例如计算如图 2.2.11 中所示的销售金额，需要引用 "商品目录" 工作簿中 "价格单" 工作表中的 "单价"，如果 "商品目录" 工作簿是打开的，则在 C2 单元格中应输入 "=B2*[商品目录 .xlsx] 价格单 !$B$5"。如果 "商品目录" 工作簿是关闭的，则要给出完整路径，在 C2 单元格中应输入 "=B2*' D:\[商品目录 .xlsx] 价格单' !$B$5"。

2.2.5　在状态栏上显示计算结果

在 Excel 中，对数据处理中常用的求和、最大值、最小值、数值计数、计数、平均值功能提供了快捷操作，操作步骤为：

首先选择单元格区域，然后将鼠标移到状态栏（图 2.2.14 中黑圈部分）上单击右键，如图 2.2.14 所示，在弹出的快捷菜单中选择相应的功能，选中，打 "√"，显示结果。

2.2.6　函数的使用

在 Excel 中，对单元格中的数值进行计算的等式称之为公式，如：=3+5，=A1+B1 等，函数就是一些预定义的公式，如 =SUM(A1:B1)，这里的 SUM() 即为计算总和的函数，Excel 中常用函数有：工程函数、信息函数、日期和时间函数、统计函数、逻辑函数、查找与引用函数、文本函数等，函数界面如图 2.2.15 所示。下面对工作和生活中的常用函数进行介绍。

图 2.2.14 　在状态栏上显示计算结果　　图 2.2.15 　"公式"选项卡中的"函数库"

1. SUM 函数

功能：计算指定单元格区域中所有数值的和。

语法：SUM (number1,number2,…)

参数 number1，number2 是对应的数值参数。如果是文本，转换为数字，如果是逻辑值，TRUE 转换成数字 1，FALSE 转换成数字 0。示例如下：

SUM（A1:A3）表示将 A1，A2，A3 三个单元格中的数值相加。

SUM（60,70,80）表示 60+70+80，结果 210。

SUM（TRUE,53,"7"）表示 1+53+7，结果 61。

实现求图 2.2.16 中的总成绩，步骤如下：

	A	B	C	D	E
1	姓名	数学	语文	计算机	总成绩
2	王琦	90	86	93	
3	张树	87	75	84	
4	李东	77	52	67	
5	王董琦	67	90	75	
6	李春峰	90	69	88	

图 2.2.16 　求学生总成绩

（1）方法1：用鼠标选中 E2 单元格，输入"=sum("，然后用鼠标选中 B2 到 D2 单元格区域，如图 2.2.17 所示，按【Enter】键，完成。

SUM				fx	=sum(B2:D2)
					SUM(**number1**, [number2], ...)
	A	B	C	D	E
1	姓名	数学	语文	计算机	总成绩
2	王琦	90	86	93	(B2:D2
3	张树	87	75	84	
4	李东	77	52	67	
5	王董琦	67	90	75	
6	李春峰	90	69	88	

图 2.2.17 　选择计算区域

方法2：用鼠标选中 E2 单元格，输入"="，在左边的名称框中点击 SUM，弹出如图 2.2.18 所示"函数参数"对话框，输入要求值的单元格区域"B2:D2"，单击"确定"。也可以用鼠标选择要求值的单元格区域，如图 2.2.19 所示，单击"确定"。

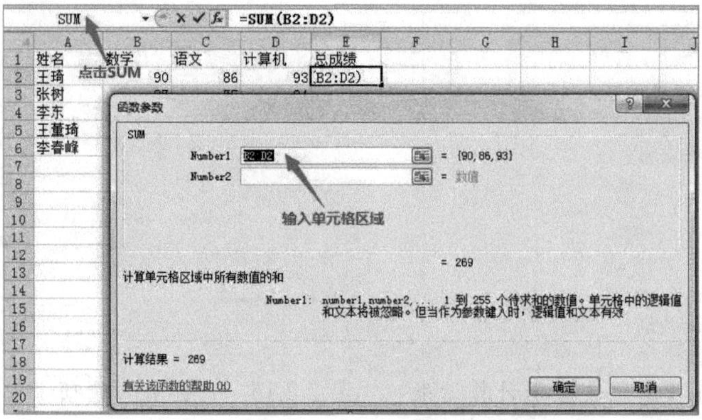

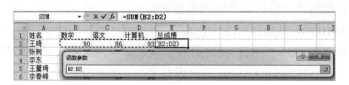

图 2.2.18 "函数参数"对话框

图 2.2.19 用鼠标选择单元格区域

（2）用鼠标选择 E2 单元格的右下角，出现黑色实心"十"字符号时按住鼠标左键拖动到 E6，释放，实现自动填充，如图 2.2.20 所示。

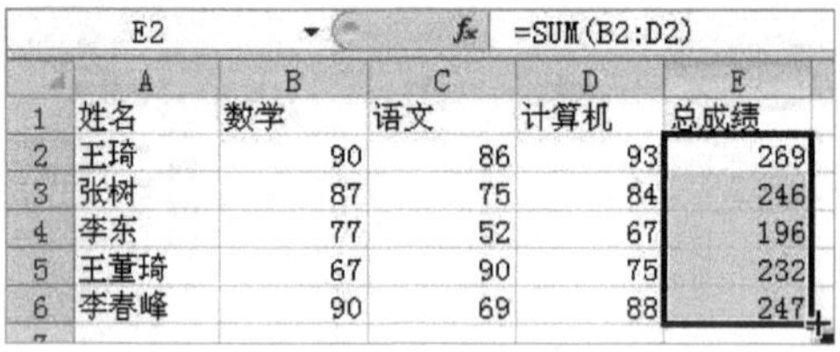

	A	B	C	D	E
1	姓名	数学	语文	计算机	总成绩
2	王琦	90	86	93	269
3	张树	87	75	84	246
4	李东	77	52	67	196
5	王董琦	67	90	75	232
6	李春峰	90	69	88	247

图 2.2.20 实现求所有学生的总成绩

2. AVERAGE 函数

功能：计算指定区域中所有数值的算术平均值。

语法：AVERAGE (number1,number2,…)

参数 number1，number2…是用于计算平均值的 1 到 255 个数值参数。

AVERAGE（A1:A3）表示求 A1，A2，A3 三个单元格中的数值的平均值。

AVERAGE（60,70,80）表示求 60，70，80 的平均值，结果 70。

实现求图 2.2.21 中的平均成绩，步骤如下：

（1）用鼠标选中 F2 单元格，输入"="，在左边的下拉列表中选择"AVERAGE"，如图 2.2.22 所示。

（2）在弹出的"函数参数"对话框，输入要求值的单元格区域"B2:D2"，或是用鼠标选择要求值的单元格区域，单击"确定"。

（3）用鼠标选择 F2 单元格的右下角，出现黑色实心"十"字符号时，按住鼠标左键拖动实现自动填充。

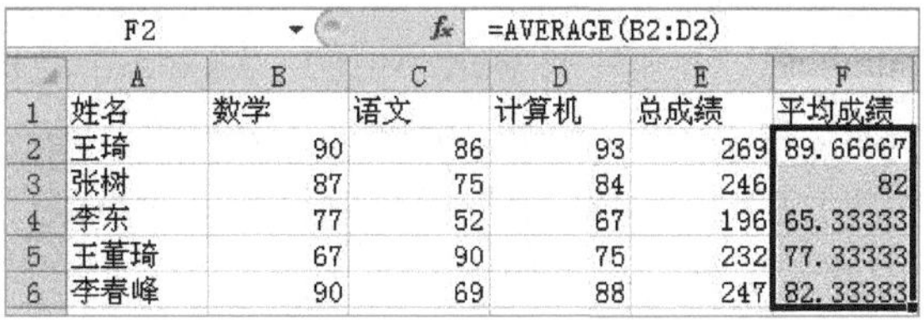

图 2.2.21　求学生平均成绩

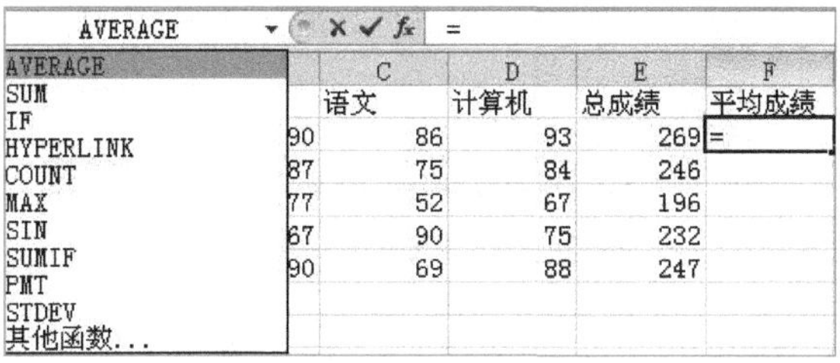

图 2.2.22　选择"AVERAGE"函数

3. MAX 函数

功能：计算指定区域中数值中的最大值，不计算逻辑值和文本。

语法：MAX (number1, number2,…)

参数 number1，number2…是用于计算最大值的 1 到 255 个数值参数。

MAX（A1:A3）表示求 A1，A2，A3 三个单元格中的最大值。

MAX（60,70,80）表示 60，70，80 中的最大值，结果为 80。

实现求图 2.2.23 中的最高分，步骤如下：

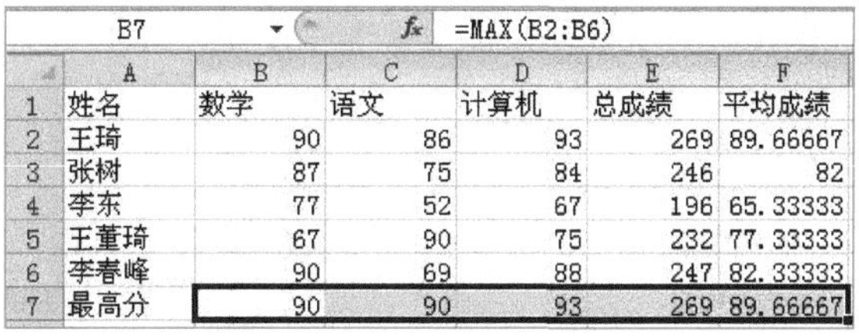

图 2.2.23　求学生最高分

（1）用鼠标选中 B7 单元格，输入"="，在左边的下拉列表中选择"MAX"。

（2）在弹出的"函数参数"对话框，输入要求值的单元格区域"B2:B6"，或是用鼠标选择要求值的单元格区域，单击"确定"。

（3）用鼠标选择 B7 单元格的右下角，出现黑色实心"十"字符号时，按住鼠标左键拖动实现自动填充。

项目 2

4. MIN 函数

功能：计算指定区域中数值中的最小值，不计算逻辑值和文本。

语法：MIN (number1,number2,…)

参数 number1，number2…是用于计算最小值的 1 到 255 个数值参数。

MIN（A1:A3）表示求 A1，A2，A3 三个单元格中的最小值。

MIN（60,70,80）表示 60，70，80 中的最小值，结果为 60。

实现求图 2.2.24 中的最低分，步骤如下：

	A	B	C	D	E	F
	姓名	数学	语文	计算机	总成绩	平均成绩
1	王琦	90	86	93	269	89.66667
2	张树	87	75	84	246	82
3	李东	77	52	67	196	65.33333
4	王董琦	67	90	75	232	77.33333
5	李春峰	90	69	88	247	82.33333
6	最高分	90	90	93	269	89.66667
7	最低分	67	52	67	196	65.33333

图 2.2.24　求学生最低分

（1）用鼠标选中 B8 单元格，输入"="，在左边的下拉列表中选择"MIN"，如未找到，则单击其他函数，如图 2.2.25 所示。

图 2.2.25　单击"其他函数"

（2）弹出"插入函数"对话框，在"搜索函数"文本框中输入函数名"MIN"，选择类别"全部"，单击"转到"按钮，在选择函数中选择"MIN"，单击"确定"按钮，如图 2.2.26 所示。

图 2.2.26　"插入函数"对话框

（3）在弹出的"函数参数"对话框中输入要求值的单元格区域"B2:B6"，或是用鼠标选择要求值的单元格区域，单击"确定"。

（4）用鼠标选择 B8 单元格的右下角，出现黑色实心"十"字符号时，按住鼠标左键拖动实现自动填充。

5. SUMIF 函数

功能：对符合指定条件的单元格求和。

语法：SUMIF (range,Criteria,Sum_range)

参数：

Range 是必选项，要进行条件判断的单元格区域。

Criteria 是必选项，用户指定的条件，条件可以是数字、表达式、文本。

Sum_range 是指定的实际求和单元格区域，如省略，则使用 Range 中的单元格区域。

如 Range 中的单元格区域满足 Criteria 中指定的条件，则对 Sum_range 中的单元格区域求和。

实现求图 2.2.27 中的平均成绩大于 60 分的学生成绩总和，步骤如下：

	A	B	C	D	E	F
1	姓名	数学	语文	计算机	总成绩	平均成绩
2	王琦	90	86	93	269	89.66667
3	张树	87	75	84	246	82
4	李东	47	52	67	166	55.33333
5	王董琦	67	90	75	232	77.33333
6	李春峰	32	69	48	149	49.66667
7	平均成绩大于60分的学生成绩总和	747				

图 2.2.27　求平均成绩大于 60 分的学生成绩总和

（1）用鼠标选中 B7 单元格，输入"="，在左边的下拉列表中选择"SUMIF"。

（2）在弹出的"函数参数"对话框中，在 Range 中输入要进行条件判断的单元格"F2:F6"，在 Criteria 中输入条件">60"，在 Sum_range 中输入实际求和单元格区域"E2:E6"，单击"确定"，如图 2.2.28 所示。

图 2.2.28　SUMIF 函数"函数参数"对话框

6. COUNTA 函数

功能：计算指定区域中非空单元格的数量。

语法：COUNTA(value1,value2,…)

参数 value1，value2…是用于计算的 1 到 255 个参数。

实现求图 2.2.29 中的姓名列表中的人数，步骤如下：

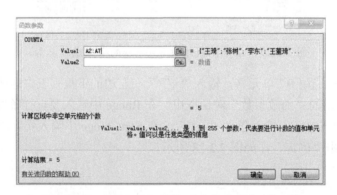

图 2.2.29　统计全班人数

（1）用鼠标选中 B8 单元格，输入"="，在左边的下拉列表中选择"COUNTA"，如未找到，则单击其他函数。

（2）在弹出的"插入函数"对话框的"搜索函数"中输入函数名"COUNTA"，选择类别"全部"，单击"转到"按钮，在"选择函数"中选择"COUNTA"，单击"确定"按钮。

（3）弹出"函数参数"对话框，在"value1"中输入单元格区域"A2:A7"，或是用鼠标选择要求值的单元格区域，如图 2.2.30 所示，单击"确定"。

图 2.2.30　COUNTA 函数"函数参数"对话框

7. COUNTIF 函数

功能：计算指定区域中符合给定条件的单元格数量。

语法：COUNTIF(range,criteria)

参数 range 表示指定的单元格区域，criteria 表示用户指定的条件，条件可以是数字、表达式、文本。

实现求图 2.2.31 中的语文成绩及格人数，步骤如下：

（1）用鼠标选中 B8 单元格，输入“=”，在左边的下拉列表中选择“COUNTIF”。

（2）弹出“函数参数”对话框，在 Range 中输入要进行条件判断的单元格“D2:D6”，在 Criteria 中输入条件“>=60”，单击“确定”，如图 2.2.32 所示。即可求出语文成绩大于等于 60 分的人数。

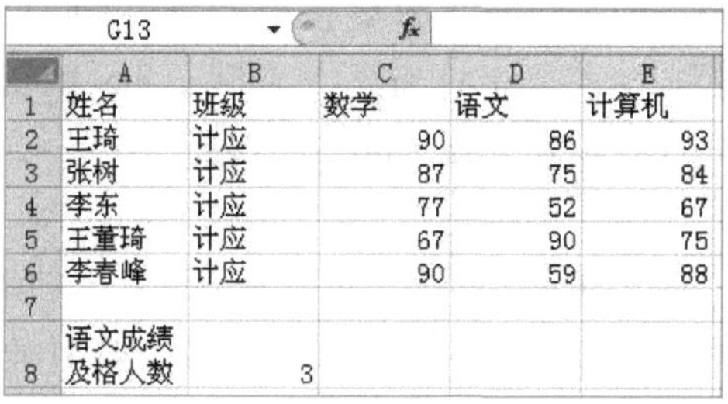

	A	B	C	D	E
1	姓名	班级	数学	语文	计算机
2	王琦	计应	90	86	93
3	张树	计应	87	75	84
4	李东	计应	77	52	67
5	王董琦	计应	67	90	75
6	李春峰	计应	90	59	88
7					
8	语文成绩及格人数	3			

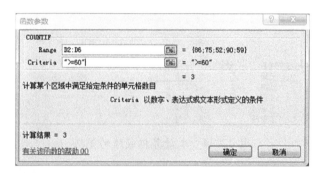

图 2.2.31　求语文成绩及格人数

图 2.2.32　COUNTIF 函数“函数参数”对话框

8. COUNT 函数

功能：计算指定区域中单元格数量。

语法：COUNT(value1,value2,⋯)

参数 value1，value2⋯是用于计算的 1 到 255 个参数。但只对数字型的数据进行统计。

实现求图 2.2.33 中的已有数学成绩的人数，步骤如下：

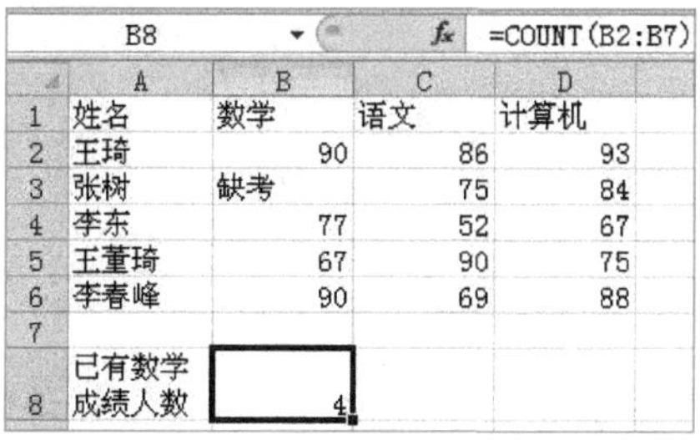

	A	B	C	D
1	姓名	数学	语文	计算机
2	王琦	90	86	93
3	张树	缺考	75	84
4	李东	77	52	67
5	王董琦	67	90	75
6	李春峰	90	69	88
7				
8	已有数学成绩人数	4		

图 2.2.33　求已有数学成绩的人数

（1）用鼠标选中 B8 单元格，输入“=”，在左边的下拉列表中选择“COUNT”。

（2）在弹出的“函数参数”对话框，在 value1 中输入单元格区域“B2:B7”，单击“确定”。即可求出已有数学成绩的人数为 4 人。

9. IF 函数

功能：对指定的条件进行判断，如果条件成立，则为“真”（TRUE），返回 value_if_true 的值，否则为“假”（FALSE），返回 value_if_false 的值。

语法：IF (logical_test, value_if_true, value_if_false)

参数：

logical_test 表示用户指定的条件，条件可以是数字、表达式。

value_if_true 表示当 logical_test 条件成立（TRUE）时的返回值。

value_if_false 表示当 logical_test 条件不成立（FALSE）时的返回值。

实现求图 2.2.34 中计算机成绩的等级（大于或等于 60 分为及格，否则不及格），步骤如下：

	A	B	C	D	E	F
1	姓名	计算机	等级			
2	王琦	93	合格			
3	张树	47	不合格			
4	李东	53	不合格			
5	王董琦	75	合格			
6	李春峰	60	合格			

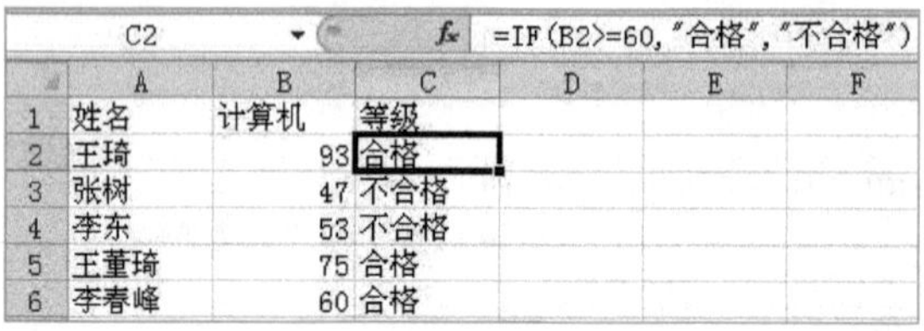

图 2.2.34　求计算机成绩的等级

（1）用鼠标选中 C2 单元格，输入“=”，在左边的下拉列表中选择“IF”。

（2）弹出“函数参数”对话框，在 logical_test 中输入判断条件“B2>=60”，在 value_if_true 中输入条件成立时的返回值“合格”，在 value_if_false 中输入条件不成立时的返回值“不合格”，单击“确定”，如图 2.2.35 所示。即可求出计算机成绩的等级。

（3）用鼠标选择 C2 单元格的右下角，出现黑色实心“十”字符号时，按住鼠标左键拖动实现自动填充。

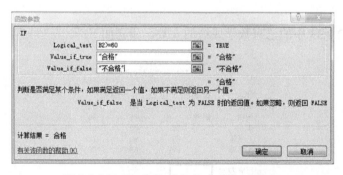

图 2.2.35　IF 函数“函数参数”对话框

10. RANK 函数

功能：排序操作，计算数值在指定区域单元格数值中的排名位置。

语法：RANK (number, ref, order)

参数：

number 表示需要排名的数字。

ref 表示一组指定区域单元格中数字或对一个数据列表的引用（只计算数字值）。

order 表示按升序还是降序排序，值为 0（默认），降序，为非 0 的任何数，升序。

实现求图 2.2.36 中学生总成绩的排名，步骤如下：

	A	B	C	D	E	F
					F2	=RANK(E2,$E$2:$E$6)
1	姓名	数学	语文	计算机	总成绩	排名
2	王琦	90	86	93	269	1
3	张树	87	75	84	246	3
4	李东	77	52	67	196	5
5	王董琦	67	90	75	232	4
6	李春峰	90	69	88	247	2

图 2.2.36　求学生总成绩的排名

（1）用鼠标选中 F2 单元格，输入"="，在左边的下拉列表中选择"RANK"。如未找到，则单击其他函数。

（2）在弹出的"插入函数"对话框的"搜索函数"中输入函数名"RANK"，选择类别"全部"，单击"转到"按钮，在"选择函数"中选择"RANK"，单击"确定"按钮。

（3）弹出"函数参数"对话框，在 number 中输入要查找排名单元格"E2"，在 ref 中输入"$E$2:$E$6"，在 order 中输入 0 或者跳过（默认降序），单击"确定"，如图 2.2.37 所示。即可求出王琦总成绩的排名。

（4）用鼠标选择 F2 单元格的右下角，出现黑色实心"十"字符号时，按住鼠标左键拖动实现自动填充。

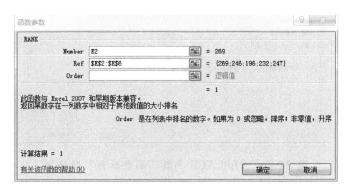

图 2.2.37　RANK 函数"函数参数"对话框

11. REPLACE 函数

功能：替换操作，用新的字符串替换原来的字符串，可以指定替换的字符位置和替换的字符长度。

语法：REPLACE (old_text, start_num, num_chars, new_text)

参数：

old_text 表示需要被替换的文本。

start_num 表示从第几个字符位置开始替换。

num_chars 表示要替换的字符个数，如为 0，则是插入。

new_text 表示用来替换的新字符串。

实现将图 2.2.38 中学生旧住址"重庆上桥"替换为新地址"重庆江津"，步骤如下：

	A	B	C	D	E	F
			fx	=REPLACE(B2,3,2,"江津")		
	姓名	旧住址	新地址	数学	语文	计算机
1	姓名	旧住址	新地址	数学	语文	计算机
2	王琦	重庆上桥	重庆江津	90	86	93
3	张树	重庆上桥		87	75	84
4	李东	重庆上桥		77	52	67
5	王董琦	重庆上桥		67	90	75
6	李春峰	重庆上桥		90	69	88

图 2.2.38　替换学生住址

（1）用鼠标选中 C2 单元格，输入"="，在左边的下拉列表中选择"REPLACE"。如未找到，则单击其他函数。

（2）在弹出的"插入函数"对话框的"搜索函数"中输入函数名"REPLACE"，选择类别"全部"，单击"转到"按钮，在"选择函数"中选择"REPLACE"，单击"确定"按钮。

（3）弹出"函数参数"对话框，在 old_text 中输入需要被替换的文本"B2"，在 start_num 中输入"3"从第 3 个字符开始，在 num_chars 中输入"2"替换字符个数 2 个，在 new_text 中输入新字符串"江津"，单击"确定"，如图 2.2.39 所示。

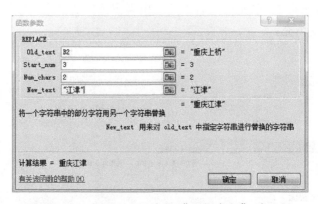

图 2.2.39　REPLACE 函数"函数参数"对话框

（4）用鼠标选择 C2 单元格的右下角，出现黑色实心"十"字符号时，按住鼠标左键拖动实现自动填充。

12. 日期和时间函数

（1）TODAY 函数

功能：返回当前的日期，不需要参数。

语法：TODAY ( )

示例：显示日期。

用鼠标选中单元格，输入"=TODAY()"，或在左边的下拉列表中选择"TODAY"，返回当天日期，如"2015/1/20"。

（2）NOW 函数

功能：返回当前的日期与时间，不需要参数。

语法：NOW( )

示例：显示日期与时间。

用鼠标选中单元格，输入"=NOW( )"，或在左边的下拉列表中选择"NOW"，返回当天日期与时间，如"2015/1/20 20:10"。

 注意

当系统日期和时间改变后，按【F9】更新单元格中的日期和时间。

（3）DAY 函数

功能：返回指定日期的天数，数值范围 1～31。

语法：DAY (serial_number)

参数 serial_number 指定的日期。

示例：显示日期的天数。

用鼠标选中单元格，输入"=DAY ("2015-01-21")"，或在左边的下拉列表中选择"DAY"，弹出"函数参数"对话框，在 serial_number 中输入 "2015-01-21"，注意输入的日期要打双引号，单击"确定"，返回日期的天数"21"。

（4）YEAR 函数

功能：返回指定日期的年份，数值范围 1900～9999。

语法：YEAR (serial_number)

参数 serial_number 指定的日期。

示例：显示日期的年份。

用鼠标选中单元格，输入"= YEAR ("2015-01-21")"，或在左边的下拉列表中选择"YEAR"，弹出"函数参数"对话框，在 serial_number 中输入 "2015-01-21"，注意输入的日期要打双引号，单击"确定"，返回日期的年份"2015"。

（5）MONTH 函数

功能：返回指定日期的月份，数值范围 1～12。

语法：MONTH (serial_number)

参数 serial_number 指定的日期。

示例：显示日期的月份。

用鼠标选中单元格，输入"=MONTH("2015-01-21")"，或在左边的下拉列表中选择"MONTH"，弹出"函数参数"对话框，在 serial_number 中输入 "2015-01-21"，注意输入的日期要打双引号，单击"确定"，返回日期的月份"1"。

13. 函数嵌套

当一个函数作为其他函数的参数时，这一函数就称为嵌套函数，在 Excel 中，函数可以单独使用，也可以嵌套使用。

例如，选中单元格，输入"=DAY(TODAY())"，按【Enter】键后，返回的既是当前的天数，如"21"。

14. VLOOKUP 函数

功能：查找，在指定单元格区域的首列查找指定的元素，然后再根据指定的列数返回具体查找值。

语法：VLOOKUP (lookup_value, table_array, col_index_num, range_lookup)

参数：

lookup_value 表示需要在单元格区域的首列查找的值。

table_array 表示查找范围，指定单元格区域。

col_index_num 表示返回查找到满足条件的单元格，其所在行的第几列的值。

range_lookup 如果不填（默认）或填 1 或 TURE，单元格区域的首列必须按升序排列，否则结果不正确，填 0 或 FALSE 则不需要升序排列。

实现求图 2.2.40 中学生李春峰的语文成绩，步骤如下：

	B10		fx	=VLOOKUP(A6,A2:D6,3,0)	
	A	B	C	D	E
1	姓名	数学	语文	计算机	
2	王琦	90	86	93	
3	张树	87	75	84	
4	李东	77	52	67	
5	王董琦	67	90	75	
6	李春峰	90	69	88	
7					
8					
9					
10	李春峰语文成绩	69			

图 2.2.40　求学生李春峰的语文成绩

（1）用鼠标选中 B10 单元格，输入"="，在左边的下拉列表中选择"VLOOKUP"。如未找到，则单击其他函数。

（2）在弹出的"插入函数"对话框的"搜索函数"中输入函数名"VLOOKUP"，选择类别"全部"，单击"转到"按钮，在"选择函数"中选择"VLOOKUP"，单击"确定"按钮。

（3）弹出"函数参数"对话框，在 lookup_value 中输入查找的值"李春峰"，或者输入单元格"A6"，在 table_array 中输入查找范围"A2:D6"，在 col_index_num 第几列的值中输入"3"，在 range_lookup 中输入"0"，单击"确定"，如图 2.2.41 所示，求出李春峰的语文成绩。

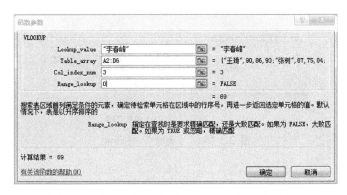

图 2.2.41　VLOOKUP 函数"函数参数"对话框

2.2.7　条件格式

使用条件格式命令，可以使感兴趣的单元格或单元格区域突出显示（红色文本、浅红色填充等）。

实现将图 2.2.40 中语文成绩大于 70 分的设置为红色文本，步骤如下：

（1）选择单元格区域 C2:C6，单击"开始"选项卡 "样式"组中的"条件格式"命令，如图 2.2.42 所示。

（2）在如图 2.2.43 所示中选择"突出显示单元格规则"，选择"大于"。

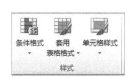

图 2.2.42　"条件格式"命令　　　　图 2.2.43　选择"大于"

（3）弹出"大于"对话框，如图2.2.44所示，在"为大于以下值的单元格设置格式"中输入70，在"设置为"中选择"红色文本"，单击"确定"按钮即可。也可以单击"自定义格式"，在弹出的"设置单元格格式"对话框中自定义字体（下划线）、填充样式等，如图2.2.45所示。

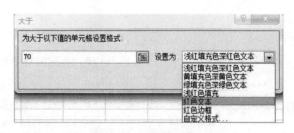

图 2.2.44 "大于"对话框

图 2.2.45 "设置单元格格式"对话框

【任务实施】

要完成图2.2.1所示"学生成绩统计表"的创建和编辑，步骤如下：

1. 创建文档

（1）创建一个文件名为"学生成绩统计表"，扩展名为 .xlsx 的 Excel 工作簿。
（2）单击"保存"按钮，将文档暂时存盘到指定位置。

2. 输入数据

在 A1 单元格中输入"学生成绩统计表"，在 A2:J2 单元格区域中分别输入各列标题"学号"～"总分排名"，在 L2 单元格中输入"统计结果"。

在相应单元格中输入对应数据信息，完成基础录入工作，录入完成后，效果如图 2.2.46 所示。

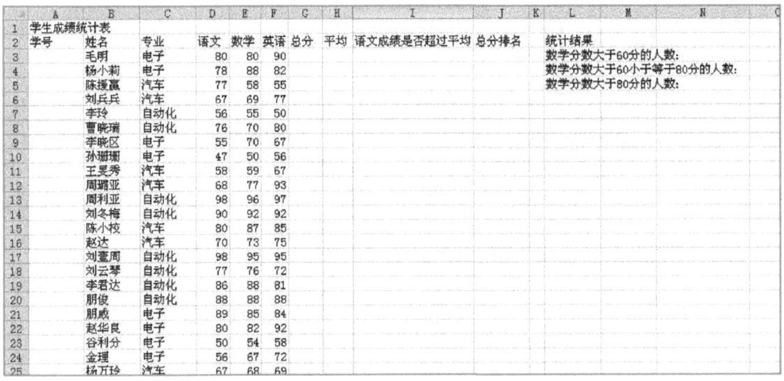

	A	B	C	D	E	F	G	H	I	J	K	L	M	N
1	学生成绩统计表													
2	学号	姓名	专业	语文	数学	英语	总分	平均	语文成绩是否超过平均	总分排名		统计结果		
3		毛明	电子	80	80	90						数学分数大于60分的人数:		
4		杨小莉	电子	78	88	82						数学分数大于60小于等于80分的人数:		
5		陈援赢	汽车	77	58	55						数学分数大于80分的人数:		
6		刘兵兵	汽车	67	69	77								
7		李玲	自动化	56	55	50								
8		曹晓瑞	自动化	76	70	80								
9		李晓区	电子	55	70	67								
10		孙珊珊	电子	47	50	56								
11		王旻秀	汽车	58	59	67								
12		周璐亚	汽车	68	77	93								
13		周利亚	自动化	98	96	97								
14		刘冬梅	自动化	90	92	92								
15		陈小校	汽车	80	87	85								
16		赵达	汽车	70	73	75								
17		刘震周	自动化	98	95	95								
18		刘云琴	自动化	77	76	72								
19		李君达	自动化	86	88	81								
20		朋俊	自动化	88	88	88								
21		朋威	电子	89	85	84								
22		赵华良	电子	80	82	92								
23		谷利分	电子	50	54	58								
24		金理	电子	56	67	72								
25		杨万玲	汽车	67	68	69								

图 2.2.46　基础录入工作

3. 表格格式化

（1）将 A1:J1、L2:N2、L3:N3、L4:N4、L5:N5 单元格区域，在单元格格式设置中合并。

（2）将标题文字“学生成绩统计表”设置居中，设置字体黑体，字号 14，红色，加粗。

（3）选中 A2:J25、L2:N5 单元格区域，设置单元格格式，打开“边框”选项卡，设置内、外边框，线条区选择“单实线”，颜色区选“黑色”。

（4）在 A3 单元格中输入“10001”，再移动鼠标到 A3 单元格右下角，当出现填充柄实心“十”字型时，按住【Ctrl】键同时拖动完成序号的自动递增填充。

4. 公式计算

（1）选中 G3 单元格，输入“=SUM(D3:F3)”，按【Enter】键。用鼠标选择 G3 单元格的右下角，出现黑色实心“十”字符号时，按住鼠标左键拖动实现自动填充。

（2）选中 H3 单元格，输入“=AVERAGE(D3:F3)”，按【Enter】键。用鼠标选择 H3 单元格的右下角，出现黑色实心“十”字符号时，按住鼠标左键拖动实现自动填充。

（3）选中 I3 单元格，输入“=IF(D3>H3," 超过 "," 未超过 ")”，按【Enter】键。用鼠标选择 I3 单元格的右下角，出现黑色实心“十”字符号时，按住鼠标左键拖动实现自动填充。

（4）选中 J3 单元格，输入“=RANK(G3,$G$3:$G$25)”，按【Enter】键。用鼠标选择 J3 单元格的右下角，出现黑色实心“十”字符号时，按住鼠标左键拖动实现自动填充。

（5）选中 O3 单元格，输入“=COUNTIF(E3:E25,">60")”，按【Enter】键。

（6）选中 O4 单元格，输入“=COUNTIF(E3:E25,">60")-COUNTIF(E3:E25,">80")”，按【Enter】键。

（7）选中 O5 单元格，输入“=COUNTIF(E3:E25,">80")”，按【Enter】键。

【能力拓展】

1. 新建一空白工作簿，Sheet1 工作表更名为"民宇公司机构分类表"，按以下要求建立表格，保存到指定文件夹中。效果如图 2.2.47 所示。

分支机构	机构类别	货币资金	货币资金名次		机构所属类别			城市类别	分支机构数量
重庆		¥783,200			重庆	B		A类	
成都		¥861,234			成都	B		B类	
云南		¥738,242			云南	C		C类	
武汉		¥778,461			武汉	C			
永川		¥818,680			永川	C			
杭州		¥858,899			杭州	C			
上海		¥999,118			上海	A			
北京		¥739,337			北京	A			
广州		¥779,556			广州	A			
深圳		¥819,775			深圳	A			
福建		¥659,994			福建	C			
海南		¥700,213			海南	C			
广元		¥940,432			广元	C			
沈阳		¥980,651			沈阳	B			
哈尔滨		¥820,870			哈尔滨	B			
昆明		¥861,089			昆明	C			
长沙		¥701,308			长沙	C			
大连		¥741,527			大连	C			
乌鲁木齐		¥881,746			乌鲁木齐	B			
天津		¥921,965			天津	B			
呼和浩特		¥662,184			呼和浩特	C			
石家庄		¥502,403			石家庄				

图 2.2.47 民宇公司机构分类表

要求：
（1）将标题字体设置为宋体，11 号，加粗，水平、垂直居中；
（2）将"货币资金"列用货币方式显示；
（3）对数据区域加边框，内外边框设置为单实线，颜色黑色；
（4）对"货币资金名次""分支机构数量"设置底纹，背景色为橄榄色；
（5）根据"机构所属类别"表格中城市对应的类别，使用 VLOOKUP 函数在"机构类别"列中填充类别；
（6）统计出 A、B、C 三类城市的分支机构数量（使用 COUNTIF 函数）；
（7）在"货币资金名次"列中填写名次（使用 RANK 函数）。

2. 根据图书销售统计表，如图 2.2.48 所示，完成如下操作：

序号	书名	出版社	出版社更正	经办人	单价（元）	数量	销售额		销售额>8000元数量
1	办公软件简介	北京电子出版社		王东明	20	300			
2	电脑维修大全	北京电子出版社		李凯	35	370			
3	畅游世界	北京电子出版社		王东明	79.8	500			
4	交通路路通	北京电子出版社		李凯	21.3	370			
5	中国城市简介	北京电子出版社		李凯	57.2	230			
6	操作系统概论	北京电子出版社		王东明	28.5	280			
7	网络安全	北京电子出版社		李凯	38.8	210			
8	世界奇闻录	北京电子出版社		赵冬冬	78.5	510			
9	幼儿绘画	北京电子出版社		赵冬冬	17.5	500			
10	海底世界	北京电子出版社		李凯	41	350			
11	我们的世界	北京电子出版社		赵冬冬	50	320			
12	皮肤护理方法	北京电子出版社		王东明	20	380			
13	化妆基础	北京电子出版社		李凯	16	330			

图 2.2.48 图书销售统计表

（1）使用查找替换将"李凯"更正为"王凯"；
（2）填充"出版社更正"列内容（使用 REPLACE 函数，将"北京电子出版社"

更正为“北京工业出版社”）；

（3）填充“销售额”列内容；

（4）在 J3 单元格中计算“销售额 >8000 元数量”；

（5）使用条件格式，为单价在 50～100 元的数据设置格式：红色文本；

（6）将工作表标签“Sheet1”更名为“销售统计表”。

3. 根据工资发放表，如图 2.2.49 所示，完成如下操作：

	A	B	C	D	E	F	G	H	I
1	工资发放表								
2	序号	姓名	职务	基本工资	岗位津贴	应发工资	事（病）假扣款	旷工（违纪）扣款	实发金额
3	1	李明达	助理	2000	200		100	0	
4	2	李敬爱	总经理	6000	1000		0	0	
5	3	万方	技术师	4000	700		300	0	
6	4	万晓晓	技术师	4000	700		0	200	
7	5	何京东	采购	3000	800		100	100	
8	6	刘凯	会计	3500	500		0	100	
9	7	刘胜	采购	3000	800		100	0	
10									
11									金额单位：元
12	编制单位：	XX科技有限公司							
13	发放日期	2014年9							

图 2.2.49 工资发放表

（1）将标题“合并及居中”后置于表格正上方，字体设置为黑体、加粗、20 磅；

（2）利用公式计算出员工的“应发工资”及“实发金额”（提示：应发工资 = 基本工资 + 岗位津贴；实发金额 = 应发工资 - 事（病）假扣款 - 旷工（违纪）扣款）；

（3）选择表格中的 I3:I9 区域，设置为货币人民币样式，并保留两位小数；为“工资发放表”（A1:I9 区域）添加表格边框，外边框和内部均设置为黑色单实线。

（4）设置标题行的行高为“30 磅”。

4. 新建一空白工作簿，用函数和序列，完成如图 2.2.50 所示的九九乘法表。

	A	B	C	D	E	F	G	H	I
1	1*1=1								
2	1*2=2	2*2=4							
3	1*3=3	2*3=6	3*3=9						
4	1*4=4	2*4=8	3*4=12	4*4=16					
5	1*5=5	2*5=10	3*5=15	4*5=20	5*5=25				
6	1*6=6	2*6=12	3*6=18	4*6=24	5*6=30	6*6=36			
7	1*7=7	2*7=14	3*7=21	4*7=28	5*7=35	6*7=42	7*7=49		
8	1*8=8	2*8=16	3*8=24	4*8=32	5*8=40	6*8=48	7*8=56	8*8=64	
9	1*9=9	2*9=18	3*9=27	4*9=36	5*9=45	6*9=54	7*9=63	8*9=72	9*9=81

图 2.2.50 九九乘法表

任务 2.3 数据管理——企业员工工资数据分析与处理

Excel 2010 在对电子表格中数据的分析与处理工作中，提供了许多高效方便的功能。如：数据筛选功能，只筛选出符合条件的重要数据信息供用户进行查看；数据排序功能，将数据升序、降序、或自定义序列进行排序等；数据分类汇总功能，列出某项数据的明细和汇总数据等。这些，都方便用户浏览数据，为用户的使用提供了便利。

【任务描述】

天飞公司制作了天飞企业员工统计表，对各部门员工的税费、实发工资、技术部员工人数、实发工资大于5000的人数等进行了计算，内容和格式如图2.3.1所示。

本次任务需能根据数据选择对应公式和函数进行计算和统计，并对数据进行筛选和汇总。

	A	B	C	D	E	F	G	H	I	J	K	L
1	天飞企业员工统计表											
2	员工姓名	部门	员工代码	升级员工代码	工资	奖金	职称	税费	实发工资		统计条件	统计结果
3	肖飞	技术部	YG116	YG0116	￥8, 200. 00	￥3, 200. 00	高级工程师	￥1,140.00	￥10,260.00		技术部员工人数:	10
4	孙琪	技术部	YG111	YG0111	￥8, 200. 00	￥5, 100. 00	高级工程师	￥1,330.00	￥11,970.00		实发工资大于5000人数:	14
5	赵玲	技术部	YG107	YG0107	￥8, 000. 00	￥6, 000. 00	高级工程师	￥1,400.00	￥12,600.00			
6	赵武	技术部	YG105	YG0105	￥8, 000. 00	￥8, 000. 00	高级工程师	￥1,600.00	￥14,400.00			
7	杨枫	技术部	YG114	YG0114	￥7, 800. 00	￥4, 300. 00	高级工程师	￥1,210.00	￥10,890.00			
8	赵云	销售部	YG103	YG0103	￥7, 700. 00	￥5, 000. 00	高级工程师	￥1,270.00	￥11,430.00			
9	赵东	技术部	YG120	YG0120	￥7, 500. 00	￥5, 100. 00	高级工程师	￥1,260.00	￥11,340.00			
10	金旺	技术部	YG122	YG0122	￥7, 100. 00	￥4, 100. 00	高级工程师	￥1,120.00	￥10,080.00			
11	赵鹏	业务部	YG119	YG0119	￥6, 900. 00	￥4, 700. 00	高级工程师	￥1,160.00	￥10,440.00			
12	梁秀敏	技术部	YG109	YG0109	￥5, 000. 00	￥3, 200. 00	中级	￥410.00	￥7,790.00			
13	赵珊珊	业务部	YG108	YG0108	￥4, 700. 00	￥2, 600. 00	中级	￥365.00	￥6,935.00			
14	李芸云	技术部	YG123	YG0123	￥4, 600. 00	￥2, 100. 00	中级	￥335.00	￥6,365.00			
15	傅武大	销售部	YG106	YG0106	￥4, 600. 00	￥3, 000. 00	中级	￥380.00	￥7,220.00			
16	杨智华	销售部	YG113	YG0113	￥4, 200. 00	￥2, 800. 00	中级	￥350.00	￥6,650.00			
17	徐华枫	销售部	YG117	YG0117	￥2, 500. 00	￥1, 000. 00	技术员	￥0.00	￥3,500.00			
18	毛朱朱	技术部	YG101	YG0101	￥2, 000. 00	￥1, 500. 00	技术员	￥0.00	￥3,500.00			
19	毛红区	业务部	YG102	YG0102	￥1, 800. 00	￥1, 200. 00	技术员	￥0.00	￥3,000.00			
20	程一	销售部	YG118	YG0118	￥1, 200. 00	￥800. 00	助工	￥0.00	￥2,000.00			
21	姚程	后勤部	YG115	YG0115	￥1, 100. 00	￥1, 000. 00	助工	￥0.00	￥2,100.00			
22	吕凤	后勤部	YG112	YG0112	￥1, 000. 00	￥500. 00	助工	￥0.00	￥1,500.00			
23	周文文	销售部	YG110	YG0110	￥900. 00	￥650. 00	助工	￥0.00	￥1,550.00			
24	李勤琴	后勤部	YG104	YG0104	￥800. 00	￥300. 00	助工	￥0.00	￥1,100.00			

图 2.3.1 天飞企业员工统计表

【相关知识】

在Excel 2010中，数据清单就是包含相关数据的一系列工作数据行，可以把数据清单认为是一个数据库，其包含多行多列，一般第一行是列标题，其他行则是数据，数据清单中一列被认为是数据库中的一个字段，一行数据被认为是一个记录，列标题被认为是字段名，在建立数据清单时，可以在工作表中通过输入列标题和数据来建立。

一个工作表中最好只创建一个数据清单，便于数据的处理工作，在第一行创建列标题，同一列数据应具有相同的数据类型，行与行之间不要出现空行，输入时避免输入多余的空格。

2.3.1 数据排序

排序是 Excel 中的基本操作，在日常数据操作中，用户为了浏览数据，常使用到排序功能，如：对学生分数、学生身高、职工工龄排序等。在 Excel 中，通常是按列排序，并提供了对选中的数据进行升序（最小值在列顶端）或降序（最大值在列顶端）排序，也可以自定义排序（按字母、笔划排序）、自定义序列、或指定排序依据（数值、单元格颜色、字体颜色、单元格图标）等。

在排序中，系统所依据的特征值称为"关键字"，有"主要关键字""次要关键字"的区别，Excel 先依据"主要关键字"进行排序，只有当主要关键字的值相同无法区分时，Excel 再依据"次要关键字"进行排序，Excel 中可以指定一个"主要关键字"和多个"次要关键字"。

1. 快速排序

当排序的数据只有一列时，可以在"开始"选项卡中选择"排序和筛选"命令来快速实现排序。如实现"语文"分数升序排序的操作步骤如下：

（1）选中 Excel 表中"语文"这一列数据，或者选择这列数据中任一单元格。

（2）单击"开始"选项卡"编辑"组中的"排序和筛选"。

（3）在弹出的下拉列表中选择"升序"，实现对语文分数的升序排序，如图 2.3.2 所示。或者单击"数据"选项卡中"排序和筛选"组中的"升序"按钮。

2. 多列（行）排序

在 Excel 中，在对多列（行）数据进行排序时，可以采用前面介绍的快速排序法，但是当"主要关键字"列有相同值时，为了达到最佳排序效果，就需在"排序"对话框中规定"次要关键字"列、排序依据、次序等，如实现图 2.3.3 中职工工资排序操作，先按照职工的基本工资降序排序，如基本工资有相同值的情况，再按照奖金降序排序，其操作步骤如下：

图 2.3.2　"编辑"组中的"排序和筛选"　　　图 2.3.3　万达公司职工工资表

（1）选中单元格区域"A2:D8"，单击"数据"选项卡中"排序和筛选"组中的"排序"命令，弹出"排序"对话框，如图 2.3.4 所示。

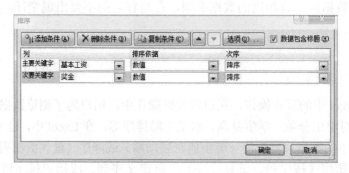

图 2.3.4 "排序"对话框

在"排序"对话框"排序依据"中，可以指定按"数值""单元格颜色""字体颜色""单元格图标"进行排序，在"次序"中可以指定"升序""降序""自定义序列"。默认只有一个"主要关键字"条件列，如果要添加另一列作为排序的条件，则单击"添加条件"按钮，新增"次要关键字"列，再指定其"排序依据"和"次序"等。

- "删除条件"按钮：删除作为排序条件的列。
- "复制条件"按钮：复制作为排序条件的列。
- "选项"：单击弹出"排序选项"对话框，如图 2.3.5 所示。在该对话框中，可以指定排序时是否区分大小写、通常都是按列排序，可以在该对话框中规定按行排序，指定按字母排序和按笔划排序。

- "数据包含标题"：勾选该复选框，则列中关键字是标题行（一般是数据区域首行）的内容，如不勾选，关键字则是"列 A""列 B"等，排序时建议勾选。

（2）在主要关键字下拉列表中选择"基本工资"，排序依据中选择"数值"，次序中选择"降序"。

图 2.3.5 "排序选项"对话框

（3）单击"添加条件"按钮，生成"次要关键字"列，在其次要关键字下拉列表中选择"奖金"，排序依据中选择"数值"，次序中选择"降序"，单击"确定"按钮，完成对职工工资排序（先按照职工的基本工资降序排序，再按照奖金降序排序）。

2.3.2 数据筛选

在 Excel 中，用户可以在电子表格的大量数据中指定数据的筛选条件，将自己不感兴趣的数据隐藏，将自己感兴趣的数据显示，以快速查找自己所需数据，提高工作效率。例如，选取某个班的学生成绩查看、选取某个月的货物销量查看、选取工龄超过 10 年的员工信息查看等。Excel 2010 提供了两种筛选方式：自动筛选和高级筛选。

1. 自动筛选

使用自动筛选,用户可以快速查找数据,可以对一个或多个数据列进行筛选,可以对文本或数字(如果列中数据类型是数字,显示"数字筛选",如果数据类型是文本,显示"文本筛选")、单元格颜色等进行筛选操作。筛选器列表如图 2.3.6 所示。

升序、降序、按颜色排序:对数据列中的数据进行排序操作。

从"姓名中清除筛选":对姓名列数据进行了筛选后,如果想恢复原始数据,单击该按钮即可。

按颜色筛选:按数据列中单元格颜色或者字体颜色进行筛选。

文本筛选:如果列中数据类型是文本,显示"文本筛选",如果列中数据类型是数字,显示"数字筛选",并可在"自定义自动筛选方式"对话框中指定筛选条件,如图 2.3.7 所示。

"搜索":在数据列中搜索数据。

图 2.3.6　筛选器列表　　　　图 2.3.7　"自定义自动筛选方式"对话框

实现在图 2.3.8 商场销售表中查询员工郭礼瓷和苏涛亚的销售信息,操作步骤如下:

(1)用鼠标选择数据区域(建议包括列字段名),在"开始"选项卡"编辑"组中单击"排序和筛选"命令,在下拉列表中选择"筛选",如图 2.3.9 所示。

或者在"数据"选项卡"排序和筛选"组中单击"筛选"命令,如图 2.3.10 所示。

(2)单击"姓名"字段名旁的箭头图标,在弹出的筛选器列表中单击"全选",清除全部内容,然后选择郭礼瓷和苏涛亚作为筛选条件,单击"确定",如图 2.3.11 所示。

	A	B	C	D	E	F
1			利民商场销售统计表			
2	姓名	一月销售额	二月销售额	三月销售额	四月销售额	五月销售额
3	赖安姝	34232	123343	82312	42323	92323
4	孙启姝	14532	23142	12433	63423	52348
5	田萌	56453	74232	86345	83432	12369
6	苏涛亚	34423	14232	64123	78879	74324
7	蔡俊	86789	21532	65123	72346	31451
8	王玉和	74533	21867	66231	34564	41346
9	林诗航	42341	84312	68432	62341	48234
10	赵天杭	63421	89342	52346	53433	55345
11	钱孙吉	84564	56762	18565	62342	53467
12	尹天语	52372	84562	24353	56762	33146
13	恽国邦	52342	64578	27713	45791	33581
14	郭礼瓷	73453	52347	26423	42316	63467
15	陆德辉	92342	83455	31245	67234	51237
16	方诗	90435	95562	82453	31787	47012
17	孙雅弌	92347	14577	35435	67423	41237
18	高坐仪	34580	12367	36834	83452	41238
19	冯宏旋	95632	14324	25676	27821	58721
20	高安华	85468	62346	14679	46821	23481

图 2.3.8　利民商场销售统计表

图 2.3.9　"编辑"组中"排序和筛选"　　图 2.3.10　"排序和筛选"组中"筛选"

　　或者在图 2.3.11 中选择"文本筛选"，在列表中选择"自定义筛选"。在"自定义自动筛选方式"对话框中指定筛选条件，姓名等于郭礼瓷或姓名等于苏涛亚，如图 2.3.12 所示。单击"确定"，实现显示员工郭礼瓷和苏涛亚的销售信息，结果如图 2.3.13 所示

 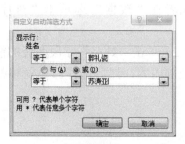

图 2.3.11　筛选器列表设置筛选条件　　图 2.3.12　"自定义自动筛选方式"中设置筛选条件

	A	B	C	D	E	F
1			利民商场销售统计表			
2	姓名	一月销售额	二月销售额	三月销售额	四月销售额	五月销售额
6	苏涛亚	34423	14232	64123	78879	74324
14	郭礼瓷	73453	52347	26423	42316	63467
21						

图 2.3.13　显示员工郭礼瓷和苏涛亚的销售信息

2. 高级筛选

高级筛选与自动筛选相比，增加了一些方便的功能，如规定筛选结果是在原有区域显示，还是将结果复制到其他位置显示以方便用户的查看和对比，或者通过选择不重复的记录而得到唯一的结果。在使用高级筛选命令时，不会在字段名旁边显示箭头图标，而是要在工作表中自定义条件区域设置筛选条件，"高级筛选"对话框如图2.3.14 所示。

条件区域说明如下，以图 2.3.15 职工工资表为例。

图 2.3.14　高级筛选对话框　　　图 2.3.15　高级筛选示例表

（1）通配符的使用

在高级筛选条件中，可以使用比较运算符 >、=、<、>=、<=、<> 和通配符 ?、*、～。例如要在职工工资表中查找所有姓"芳"的员工的信息，操作步骤如下：

❶ 在数据区域 A7:D13 外任意单元格（如 E1）中输入筛选字段的名称"姓名"，在其下方单元格（E2）中输入筛选条件"="= 芳 *""（可以省略等号，输入"芳 *"），如图 2.3.16 所示。

❷ 选中单元格数据区域 A7:D13 中任意一个单元格，在"数据"选项卡中"排序和筛选"组中单击"高级"命令，如图 2.3.17 所示。

图 2.3.16　设置筛选条件　　图 2.3.17　"排序和筛选"组中"高级"命令

❸ 弹出图 2.3.14 所示的"高级筛选"对话框，选中"在原有区域显示筛选结果"，查看"列表区域"中是否是单元格区域 $A$7:$D$13，不是则输入 $A$7:$D$13，或者单击列表区域后的图标用鼠标选择单元格区域。

> **注意**
>
> 如用鼠标选择单元格区域，显示形如 Sheet1! $A$7:$D$13，Sheet1 是工作表名，$A$7 是绝对引用。

在"条件区域"中输入 $E$1:$E$2，单击"确定"按钮，结果如图 2.3.18 所示，显示所有姓"芳"的员工的信息。

（2）在一列中设置多个筛选条件，只要满足一个条件则显示（OR 或者）

在职工工资表中查找王景希或吴临妲的员工信息（姓名＝王景希 OR 姓名＝吴临妲）。操作步骤如下：

❶ 在数据区域 A7:D13 外任意单元格（如 E1）中输入筛选字段的名称"姓名"，在其下方单元格（E2）中输入筛选条件"="= 王景希 ""（或者省略等号，输入"王景希"），在其下方单元格（E3）中输入筛选条件"="= 吴临妲 ""，如图 2.3.19 所示。

❷ 选中单元格数据区域 A7:D13 中任意一个单元格，在"数据"选项卡"排序和筛选"组中单击"高级"按钮。

图 2.3.18　显示所有姓"芳"员工的信息　　图 2.3.19　姓名＝王景希 OR 姓名＝吴临妲

❸ 弹出图 2.3.14 所示"高级筛选"对话框，选中"将筛选结果复制到其他位置"，查看"列表区域"中是否是单元格区域 $A$7:$D$13，在"条件区域"中输入 $E$1:$E$3，在"复制到"中输入 $F$7:$I$13，单击"确定"按钮，结果如图 2.3.20 所示，系统将王景希和吴临妲的员工信息筛选出来并复制到指定的单元格区域中显示。

图 2.3.20　显示王景希和吴临妲的员工信息

（3）在多列中设置多个筛选条件，只要满足一个条件则显示（OR 或者）

在职工工资表中查找基本工资大于 400 或者补贴小于 200 的员工信息（基本工资 >400 OR 补贴 <200）。操作步骤如下：

❶ 在数据区域 A7:D13 外任意单元格（如 E1）中输入筛选字段的名称"基本工资"，在其下方单元格（E2）中输入筛选条件">400"，在 F1 中输入筛选字段的名称"补贴"，在其下方单元格（F3）中输入筛选条件"<200"，如图 2.3.21 所示。（要在不同行和列中输入筛选条件）

❷ 选中单元格数据区域 A7:D13 中任意一个单元格，在"数据"选项卡"排序和筛选"组中单击"高级"按钮。

❸ 弹出如图 2.3.14 所示"高级筛选"对话框，选中"在原有区域显示筛选结果"，查看"列表区域"中是否是单元格区域 $A$7:$D$13，在"条件区域"中输入 $E$1:$F$3，单击"确定"按钮，结果如图 2.3.22 所示，显示基本工资大于 400 或者补贴小于 200 的员工信息。

	>400	

D	E	F
	基本工资	补贴
	>400	
		<200

图 2.3.21　基本工资 >400 OR 补贴 <200

6	万达公司职工工资表			
7	姓名	基本工资	奖金		补贴
8	王景希	260	190	130
9	芳敏	470	330	220
10	陈立强	550	370	310
12	芳萍	510	231	220
13	吴临姐	320	220	120

图 2.3.22　满足其中一个条件的员工信息

（4）在多列中设置多个筛选条件，所有条件都满足则显示（AND 并且）

在职工工资表中查找基本工资大于 400 并且奖金 >=300 的员工信息（基本工资 >400 AND 奖金 >=300）。操作步骤如下：

❶ 在数据区域 A7:D13 外任意单元格（如 E1）中输入筛选字段的名称"基本工资"，在其下方单元格（E2）中输入筛选条件">400"，在 F1 中输入筛选字段的名称"奖金"，在其下方单元格（F2）中输入筛选条件">=300"，如图 2.3.23 所示。（要在同一行中输入筛选条件）。

❷ 选中单元格数据区域 A7:D13 中任意一个单元格，在"数据"选项卡"排序和筛选"组中单击"高级"按钮。

弹出如图 2.3.14 所示"高级筛选"对话框，选中"在原有区域显示筛选结果"，查看"列表区域"中是否是单元格区域 $A$7:$D$13，在"条件区域"中输入 $E$1:$F$2，单击"确定"按钮，结果如图 2.3.24 所示，显示基本工资大于 400 并且奖金 >=300 的员工信息。

	D	E	F
		基本工资	奖金
		>400	>=300

>=300

6	万达公司职工工资表			
7	姓名	基本工资	奖金	补贴
8	王景希	260	190	130
9	芳敏	470	330	220

图 2.3.23　基本工资 >400 AND 奖金 >=300　图 2.3.24　所有条件都满足的员工信息

2.3.3　分类汇总

当数据量较大时，如何快速对某项数据求和、求平均值等的运算？使用分类汇总的方法，就可以很容易实现查看某项数据的总和等，并且可以分组显示不同类别数据的明细，进行分类汇总的前提是，必须先对分类字段进行排序，然后才能对该字段进行汇总等操作。

1.　创建简单分类汇总

在图 2.3.25 所示学生奖惩信息表中，显示每个学生的得分总和及所有学生的得分总和（对 "姓名" 字段进行分类汇总，对得分求和）。

	A	B	C	D	E
6	学生奖惩信息表				
7	姓名	班级	日期	奖惩内容	得分
8	陈强	计应133	3月6号	迟到	-2
9	李东奇	计应133	3月6号	早退	-2
10	王琦升	计应132	3月6号	早退	-2
11	王正东	计应131	3月6号	迟到	-2
12	张树林	计应131	3月6号	迟到	-2
13	陈强	计应133	3月7号	早退	-2
14	李东奇	计应133	3月7号	迟到	-2
15	王琦升	计应132	3月7号	迟到	-2
16	王正东	计应131	3月7号	早退	-2
17	张树林	计应131	3月7号	早退	-2
18	陈强	计应133	3月8号	技能大赛三等奖	10
19	李东奇	计应133	3月8号	技能大赛优胜奖	5
20	王琦升	计应132	3月8号	技能大赛三等奖	10
21	王正东	计应131	3月8号	技能大赛三等奖	10
22	张树林	计应131	3月8号	技能大赛优胜奖	5
23	王琦升	计应132	3月9号	自愿者服务	3
24	王正东	计应131	3月9号	自愿者服务	3
25	张树林	计应131	3月9号	自愿者服务	3
26	陈强	计应133	3月10号	参加演讲比赛	3
27	李东奇	计应133	3月10号	参加演讲比赛	3
28	张树林	计应131	3月10号	参加演讲比赛	3

图 2.3.25　学生奖惩信息表

（1）对需要汇总的字段 "姓名" 进行排序（升序或者降序）。

（2）选择要分类汇总的数据清单或者单击数据清单中任意单元格，在 "数据" 选项卡 "分级显示" 组中单击 "分类汇总" 命令，如图 2.3.26 所示。

（3）弹出 "分类汇总" 对话框，如图 2.3.27 所示，在 "分类字段" 下拉列表中选择 "姓名"，表示以 "姓名" 进行分类汇总，在 "汇总方式" 中选择 "求和"，在 "选定汇总项" 中选择 "得分"，其他默认即可，单击 "确定" 按钮，分类汇总的结果如图 2.3.28 所示。

图 2.3.26 "分类汇总"命令　　　　　图 2.3.27 "分类汇总"对话框

1 2 3		A	B	C	D	E
·	20	王琦升	计应132	3月8号	技能大赛三等奖	10
·	21	王琦升	计应132	3月9号	自愿者服务	3
-	22	**王琦升 汇总**				9
·	23	王正东	计应131	3月6号	迟到	-2
·	24	王正东	计应131	3月7号	早退	-2
·	25	王正东	计应131	3月8号	技能大赛三等奖	10
·	26	王正东	计应131	3月9号	自愿者服务	3
-	27	**王正东 汇总**				9
·	28	张树林	计应131	3月6号	迟到	-2
·	29	张树林	计应131	3月7号	早退	-2
·	30	张树林	计应131	3月8号	技能大赛优胜奖	5
·	31	张树林	计应131	3月9号	自愿者服务	3
·	32	张树林	计应131	3月10号	参加演讲比赛	3
-	33	**张树林 汇总**				7
-	34	**总计**				38

图 2.3.28 对"姓名"进行分类汇总

 注意

　　"汇总方式"中可以选择求和、最大值、最小值、数值计数、标准偏差等，在"选定汇总项"中可选择多个汇总项，打"√"表示选中。

2. 分类汇总图说明

　　在得到如图 2.3.28 所示的分类汇总结果图中，系统提供了三种分类汇总结果显示方式，通过单击左上方的 1、2、3 进行切换，1 显示汇总总计，如图 2.3.29 所示，2 显示分类合计，如图 2.3.30 所示，3 显示汇总明细，如图 2.3.28 所示。

　　在分类汇总结果图中，用户可以通过单击"➕"或者"➖"（"➕"单击转换成"➖"，"➖"单击转换成"➕"），实现显示（单击"➕"）或隐藏（单击"➖"）分类汇总的明细数据行。

1 2 3		A	B	C	D	E
	6			学生奖惩信息表		
	7	姓名	班级	日期	奖惩内容	得分
+	34	总计				38

图 2.3.29 显示汇总总计

1 2 3		A	B	C	D	E
	6			学生奖惩信息表		
	7	姓名	班级	日期	奖惩内容	得分
+	12	陈强 汇总				9
+	17	李东奇 汇总				4
+	22	王琦升 汇总				9
+	27	王正东 汇总				9
+	33	张树林 汇总				7
-	34	总计				38

图 2.3.30 显示分类合计

3. 删除分类汇总

删除分类汇总步骤如下：

（1）单击分类汇总中任意单元格。

（2）在"数据"选项卡"分级显示"组中单击"分类汇总"命令。

（3）在"分类汇总"对话框中左下角选择"全部删除"命令。

4. 创建多级分类汇总

在 Excel 工作表中，通常只能在分类汇总中指定一个字段，如果要对两个或多个字段进行分类汇总，则通过创建多级分类汇总来实现。即在简单分类汇总结果上再建立多级分类汇总。

在图 2.3.25 所示的学生奖惩信息表中，对"班级"和"姓名"字段进行分类汇总，对得分求和。

（1）对需要汇总的字段进行排序（升序或者降序）。单击"数据"选项卡"排序和筛选"组中的"排序"按钮，"排序"对话框中的设置如图 2.3.31 所示。

图 2.3.31 按"班级"和"姓名"字段排序

（2）选择要分类汇总的数据清单或者单击数据清单中的任意单元格，在"数据"选项卡"分级显示"组中单击"分类汇总"命令。

（3）弹出"分类汇总"对话框，如图 2.3.32 所示，在"分类字段"下拉列表中选择"班级"，表示以"班级"进行分类汇总，在"汇总方式"中选择"求和"，在"选定汇总项"中选择"得分"，其他默认即可，单击"确定"按钮，结果如图 2.3.33所示。

图 2.3.32　以"班级"进行分类汇总　　图 2.3.33　按"班级"分类汇总的结果

（4）在分类汇总结果中，再选择数据中任意单元格，在"数据"选项卡"分级显示"组中单击"分类汇总"命令。

（5）弹出"分类汇总"对话框，如图 2.3.34 所示，在"分类字段"下拉列表中选择"姓名"，表示以"姓名"进行分类汇总，在"汇总方式"中选择"求和"，在"选定汇总项"中选择"得分"，去掉"替换当前分类汇总"前的"√"，单击"确定"按钮，结果如图 2.3.35 所示。

图 2.3.34　以"姓名"进行分类汇总　　图 2.3.35　多级分类汇总

5. 合并计算

在 Excel 的数据日常处理中，通常用户都是将数据分门别类地存放在不同的工作表中。如班级成绩存放，不同班级的学生成绩存放在不同的工作表中；部门工资存放，不同部门的员工工资存放在不同的工作表中，甚至可以存放在不同的工作簿中等。但是在汇总统计数据时，又需要将不同工作表或者不同工作簿中的数据进行合并计算（又称为组合数据），存放在一个主工作表中。

对数据进行合并计算，要使用"合并计算"命令，方法是在"数据"选项卡"数据工具"组中单击"合并计算"命令，如图 2.3.36 所示。

图 2.3.36　"合并计算"命令

合并计算分为两种，一种是按位置进行合并计算，一种是按分类进行合并计算。

（1）按分类进行合并计算

在按分类进行合并计算时，要求工作表中数据的行标题和列标题应相同，顺序可以不同（合并后的顺序以第一个数据源表的数据顺序为准）。

将一、二月份的工资记录合并计算，结果存放在工作表 Sheet3 中，如图 2.3.37 和图 2.3.38 所示。

	A	B	C
1		一月份工资记录	
2	姓名	工时	金额
3	王冬青	10	3000
4	陈明清	3	900
5	陈强	8	2400
6	孙明	10	3000
7	李晓旭	5	1500

图 2.3.37　Sheet1 中一月份工资记录

	A	B	C
1		二月份工资记录	
2	姓名	工时	金额
3	陈明清	5	1500
4	王冬青	7	2100
5	陈强	2	600
6	李晓旭	9	2700
7	孙明	8	2400

图 2.3.38　Sheet2 中二月份工资记录

在 Sheet3 的 A1 单元格中输入"一二月份工资合计"，合并 A1:C1 单元格区域，选择 A2 单元格，在"数据"选项卡"数据工具"组中单击"合并计算"命令。

弹出"合并计算"对话框，如图 2.3.39 所示，在"函数"下拉列表中选择"求和"，在"引用位置"中输入 Sheet1!$A$2:$C$7（或者切换到工作表 Sheet1，用鼠标选择 A2:C7 区域），单击"添加"按钮，在"所有引用位置"中出现 Sheet1!$A$2:$C$7。

图 2.3.39　"合并计算"对话框

在"合并计算"对话框"引用位置"中输入 Sheet2!$A$2:$C$7，单击"添加"按钮，在"所有引用位置"中出现 Sheet1!$A$2:$C$7，Sheet2!$A$2:$C$7。

在"合并计算"对话框"标签位置"中选择"首行"（保留行标题），"最左列"（保留列标题），单击"确定"按钮。

在工作表 Sheet3 中显示工作表 Sheet1 和工作表 Sheet2 的合并计算结果，如图 2.3.40 所示。

	A	B	C
1	一二月份工资合计		
2		工时	金额
3	王冬青	17	5100
4	陈明清	8	2400
5	陈强	10	3000
6	孙明	18	5400
7	李晓旭	14	4200

图 2.3.40　工作表 Sheet1 和 Sheet2 的合并计算结果

 注意

　　如果在"合并计算"对话框中同时选中"首行"和"最左列"选项，会造成第一列列标题丢失，如上例中丢失列标题"姓名"。

（2）按位置进行合并计算

在按位置进行合并计算时，要求工作表中数据的行标题和列标题应相同，且顺序相同，如图 2.3.41 和图 2.3.42 所示。

将一、二月份的工资记录合并计算，结果存放在工作表 Sheet3 中。

	A	B	C
1	一月份工资记录		
2	姓名	工时	金额
3	王冬青	10	3000
4	陈明清	3	900
5	陈强	8	2400
6	孙明	10	3000
7	李晓旭	5	1500

图 2.3.41　一月份工资记录

	A	B	C
1	二月份工资记录		
2	姓名	工时	金额
3	王冬青	5	1500
4	陈明清	7	2100
5	陈强	2	600
6	孙明	9	2700
7	李晓旭	8	2400

图 2.3.42　二月份工资记录

在 Sheet3 的 A1 单元格中输入"一二月份工资合计"，合并 A1:C1 单元格区域，在"数据"选项卡"数据工具"组中单击"合并计算"命令。

弹出"合并计算"对话框，如图 2.3.39 所示，在"函数"下拉列表中选择"求和"，在"引用位置"中输入 Sheet1!$A$2:$C$7，单击"添加"按钮，在"引用位置"中再输入 Sheet2!$A$2:$C$7，单击"添加"按钮，在"所有引用位置"中出现 Sheet1!$A$2:$C$7，Sheet2!$A$2:$C$7。

在"合并计算"对话框的"标签位置"中不要选择"首行""最左列"，单击

项目 2

“确定”按钮。

在工作表 Sheet3 中显示工作表 Sheet1 和工作表 Sheet2 的合并计算结果，如图 2.3.43 所示。

	A	B	C
1	一二月份工资合计		
2			
3		15	4500
4		10	3000
5		10	3000
6		19	5700
7		13	3900

图 2.3.43　按位置进行合并计算结果

【任务实施】

要完成图 2.3.1 所示“企业员工统计表”的创建和编辑，步骤如下：

1．创建文档

（1）创建一个文件名为“天飞企业员工统计表”，扩展名为 .xlsx 的 Excel 工作簿。

（2）单击“保存”按钮，将文档暂时存盘到指定位置。

2．输入表格数据

当前工作表命名为“员工基本信息”。

（1）输入标题和表头信息

在 A1 单元格输入表格标题“天飞企业员工统计表”，在 A2:L2 单元格区域中分别输入各列标题“员工姓名”～“统计结果”。

（2）输入表中数据

在相应单元格中输入对应数据信息，完成基础录入工作，录入完成后，效果如图 2.3.44 所示。

	A	B	C	D	E	F	G	H	I	J	K	L
1	企业员工统计表											
2	员工姓名	部门	员工代码	升级员工代码	工资	奖金	职称	税费	实发工资		统计条件	统计结果
3	李勤琴	后勤部	YG104		800	300	助工				技术部员工人数:	
4	吕凤	后勤部	YG112		1000	500	助工				实发工资大于5000人数:	
5	姚程	后勤部	YG115		1100	1000	助工					
6	毛朱朱	技术部	YG101		2000	1500	技术员					
7	赵武	技术部	YG105		8000	8000	高级工程师					
8	赵玲	技术部	YG107		8000	6000	高级工程师					
9	梁秀敏	技术部	YG109		5000	3200	中级					
10	孙琪	技术部	YG111		8200	5100	高级工程师					
11	杨枫	技术部	YG114		7800	4300	高级工程师					
12	肖飞	技术部	YG116		8200	3200	高级工程师					
13	赵东	技术部	YG120		7500	5100	高级工程师					
14	金旺	技术部	YG122		7100	4100	高级工程师					
15	李芸云	技术部	YG123		4600	2100	中级					
16	赵云	销售部	YG103		7700	5000	高级工程师					
17	倩武大	销售部	YG106		4600	3000	中级					
18	周文文	销售部	YG110		900	650	助工					
19	杨智华	销售部	YG113		4200	2800	中级					
20	徐华枫	销售部	YG117		2500	1000	技术员					
21	程一	销售部	YG118		1200	800	助工					
22	毛红区	业务部	YG102		1800	1200	技术员					
23	赵珊珊	业务部	YG108		4700	2600	中级					
24	赵鹏	业务部	YG119		6900	4700	高级工程师					

图 2.3.44　基础录入工作

3．表格格式化

（1）标题内容格式化

❶ 根据表格列标题共占有的单元格长度，将 A1:L1 单元格区域选中，在单元格格式设置中合并及居中，使标题位于整个表格上方居中位置。

❷ 在"开始"选项卡的"字体"组中设置标题文字的字体为"黑体"，加粗，字号为16，颜色为黑色，居中对齐，其余字体为"宋体"，11 号，颜色为黑色，居中对齐。

（2）表格的美化设置

❶ 设置边框

选中 A2:I24 单元格区域，设置单元格格式，打开"边框"选项卡。设置外边框，线条区选择"双实线"，颜色区选"黑色"。

选中 K2:L4 单元格区域，设置单元格格式，打开"边框"选项卡。设置外边框，线条区选择"粗线"，颜色区选"黑色"。

❷ "工资""奖金""税费""实发工资"列格式化。

选中 E3:F24 单元格区域、H3:I24 单元格区域，在设置单元格格式"数字"选项卡中选择"货币"类型。

4．公式计算

在"员工基本信息"表中进行如下操作：

（1）计算税费

税费计算方法为：

❶ 工资＋奖金总额小于等于 5000 的不用交税费。

❷ 工资＋奖金总额大于 5000，小于等于 10000 的税费为总额的 5%。

❸ 工资＋奖金总额大于 10000 的税费为总额的 10%。

选中 H3 单元格，输入 "=IF((E3+F3)<=5000,0,IF((E3+F3)<=10000,5%,10%))*(E3+F3)"，按【Enter】键。用鼠标选择 H3 单元格的右下角，出现黑色实心"十"字符号时，按住鼠标左键拖动实现自动填充。

（2）计算实发工资

选中 I3 单元格，输入 "=E3+F3-H3"，按【Enter】键。用鼠标选择 I3 单元格的右下角，出现黑色实心"十"字符号时，按住鼠标左键拖动实现自动填充。

（3）填充"升级员工代码"列内容（在 YG 后面加上 0，即 YG101 升级为 YG0101）

选中 D3 单元格，输入 "=REPLACE(C3,3,0,0)"，按【Enter】键。用鼠标选择 D3 单元格的右下角，出现黑色实心"十"字符号时，按住鼠标左键拖动实现自动填充。

（4）计算技术部员工人数

选中 L3 单元格，输入 "=COUNTIF(B3:B24," 技术部 ")"，按【Enter】键。

（5）计算实发工资大于 5000 的人数

选中 L4 单元格，输入 "=COUNTIF(I3:I24,">5000")"，按【Enter】键。

5. 复制工作表

方法 1：将当前工作表中的内容复制到 Sheet2 工作表中，工作表更名为"员工实发工资"。

将当前工作表中的内容复制到 Sheet3 工作表中，工作表更名为"员工分类汇总"，再次进行保存。

方法 2：选定当前工作表标签，单击右键，选中"移动或复制"，弹出"移动或复制工作表"对话框，选择新工作表在 Sheet2 之前，勾选"建立副本"选项，单击"确定"，如图 2.3.45 所示，并将工作表更名为"员工实发工资"。重复前面操作，将建立的副本工作表更名为"员工分类汇总"，再次进行保存。

图 2.3.45　移动或者复制工作表

6. 排序

在"员工基本信息"表中先按照工资降序排序，再按照奖金升序排序，操作方法如下：

选中单元格区域"A2:I24"，单击"数据"选项卡"排序和筛选"组中的"排序"按钮。在"主要关键字"下拉列表中选择"工资"，在"排序依据"中选择"数值"，在"次序"中选择"降序"。

单击"添加条件"按钮，生成"次要关键字"列，在其"次要关键字"下拉列表中选择"奖金"，在"排序依据"中选择"数值"，在"次序"中选择"升序"。

7. 筛选

（1）自动筛选（查询技术部门中实发工资大于 10000 的员工信息）

在"员工实发工资"表中进行如下操作：

选中 A2:I24 单元格区域，在"数据"选项卡"排序和筛选"组中单击"筛选"命令，单击"部门"字段名旁的箭头图标，在弹出的筛选器列表中单击"全选"，清除全部内容，然后选择技术部作为筛选条件，单击"确定"。

单击"实发工资"字段名旁的箭头图标，在弹出的筛选器列表中单击"全选"，清除全部内容，选择"数字筛选"，在列表中选择"大于"。在"自定义自动筛选方式"对话框中指定筛选条件"实发工资大于 10000"，单击"确定"。

（2）高级筛选（查询技术部门中实发工资大于 10000 的员工信息，筛选结果保存

在 A26:I48 单元格区域中）

在"员工基本信息"表中进行如下操作：

在 N1 中输入筛选字段的名称"部门"，在其下方单元格 N2 中输入筛选条件"技术部"，在 O1 中输入筛选字段的名称"实发工资"，在其下方单元格 O2 中输入筛选条件">10000"。

选中单元格数据区域"A2:I24"，在"数据"选项卡"排序和筛选"组中单击"高级"按钮，选择"将筛选结果复制到其他位置"，在"条件区域"中输入 $N$1:$O$2，在"复制到"中输入 $A$26:$I$48。

8. 分类汇总

在"员工分类汇总"表中对"部门"字段进行分类汇总，对工资，奖金求和，操作如下：

对需要汇总的字段"部门"进行排序，选中 A2:I24 单元格区域，在"数据"选项卡"分级显示"组中单击"分类汇总"命令，在"分类字段"下拉列表中选择"部门"，在"汇总方式"中选择"求和"，在"选定汇总项"中选择"工资""奖金"，其他默认即可。

【能力拓展】

1. 新建一空白工作簿，Sheet1 工作表更名为"调查表"，按以下要求建立表格，保存到指定文件夹中。效果如图 2.3.46 所示。

序号	姓 名	性 别	出生年月	年 龄	所在区	成人
	顾庆	女	1987/7/15		江北区	
	苏洪磊	男	1993/3/21		九龙坡区	
	李彤彤	女	1992/8/20		渝北区	
	张鑫	男	2000/2/3		江北区	
	张佳佳	男	2003/7/1		九龙坡区	
	顾艳斌	女	1998/4/11		渝中区	
	韩冬	女	1989/12/4		渝中区	
	韩天碧	男	2001/3/11		渝北区	
	赵飞彤	女	1997/1/11		九龙坡区	
	杨燕	女	1999/8/6		渝北区	
	万达区	男	1985/5/1		九龙坡区	
	孙可	男	2001/7/18		九龙坡区	
	金碧藕	女	1998/12/25		渝中区	
	许红利	男	1979/9/11		渝北区	
	赵万迷	男	1995/7/12		渝中区	
	张良	男	197/10/21		渝中区	
	杨米兵	男	2002/2/11		江北区	
	程超	男	2001/6/12		渝北区	
	程华华	女	2001/1/12		江北区	
	叶全	女	1994/1/25		九龙坡区	
	万可	男	1991/11/22		江北区	
	代天科	男	1989/9/5		九龙坡区	
	李娴	女	1999/6/23		九龙坡区	
	章其天	男	1992/11/20		渝中区	

图 2.3.46 调查表

要求：

（1）完成"序号"列，使用自动填充功能，序号为 20001，20002，20003，……;

（2）将 A1:G1 单元格设置为"宋体"，字号 20，字体颜色为"红色，强调文字颜色 2”，居中对齐；

（3）添加边框，外边框为双线，内边框为黄色单细线；

（4）表格行高值设为“21”；

（5）填充“年龄”列内容（使用时间函数计算）；

（6）使用逻辑函数，判断是否成人（是，否），填充到“成人”列中；

（7）数据筛选，筛选条件为：“性别”为男并且“所在区”为江北区。

2. 新建一空白工作簿，sheet1 工作表更名为“机构资产统计表”，按以下要求建立表格，保存到指定文件夹中。效果如图 2.3.47 所示。

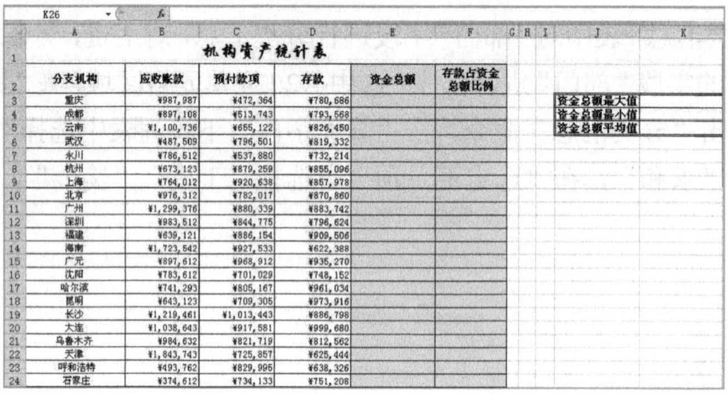

机构资产统计表

分支机构	应收账款	预付款项	存款	资金总额	存款占资金总额比例
重庆	¥987,987	¥472,364	¥780,686		
成都	¥897,108	¥513,743	¥793,568		
云南	¥1,100,736	¥655,122	¥826,450		
武汉	¥487,509	¥796,501	¥819,332		
永川	¥786,512	¥537,880	¥732,214		
杭州	¥673,123	¥879,259	¥855,096		
上海	¥764,012	¥920,638	¥857,978		
北京	¥976,312	¥782,017	¥870,860		
广州	¥1,299,376	¥880,339	¥883,742		
深圳	¥983,512	¥844,775	¥796,624		
福建	¥639,121	¥886,154	¥909,506		
海南	¥1,723,542	¥927,533	¥622,388		
广元	¥897,612	¥968,912	¥935,270		
沈阳	¥783,612	¥701,029	¥748,152		
哈尔滨	¥741,293	¥805,167	¥961,034		
昆明	¥643,123	¥709,305	¥973,916		
长沙	¥1,219,461	¥1,013,443	¥886,798		
大连	¥1,038,643	¥917,581	¥999,680		
乌鲁木齐	¥984,632	¥821,719	¥812,562		
天津	¥1,843,743	¥725,857	¥625,444		
呼和浩特	¥493,762	¥829,995	¥638,326		
石家庄	¥374,612	¥734,133	¥751,208		

资金总额最大值	
资金总额最小值	
资金总额平均值	

图 2.3.47 机构资产统计表

要求：

（1）A1:F1 单元格合并，居中对齐，标题文字设置为“华文行楷”，加粗，字号为 18，颜色为黑色；

（2）A2:F2 单元格区域和 J3、J4、J5 单元格中字体为“宋体”，加粗，11 号，颜色为黑色，居中对齐。其余字体为“宋体”，10 号，颜色为黑色，居中对齐；

（3）A2:F24 单元格区域表格边框设置为黑色单线；

（4）J3:K5 单元格区域，内边框设置为黑色单线，外边框设置为黑色双线；

（5） 单元格 E2:F24 单元格区域，设置背景色“水绿色，强调文字颜色 5，淡色 80%”；

（6）将“应收账款”“预付款项”“存款”“资金总额”列用货币方式显示，小数位数 2 位；

（7）计算资金总额、存款占资金总额比例、资金总额最大值、资金总额最小值、资金总额平均值；

（8）数据筛选，筛选条件为：查找“应收账款”>=1000000，或者“预付款项”>=800000，或者“存款”>=900000 的分支机构。

项目 2

任务 2.4　图表制作——班级成绩比较图制作

Excel 2010 作为 Office 2010 办公组件之一，专门用于数据处理工作，在日常的数据汇总或者汇报工作中，单一的数据往往使人感到枯燥乏味，这时，为了更加生动形象地反映数据，可以通过在 Excel 中选择图表类型、图表布局、图表样式等制成图表，如成绩分析表、销售统计表、人员工资汇总表等。同时，Excel 2010 还提供了新功能制作迷你图表，通过制作迷你图表，可以突出显示重要数据的变化趋势，非常简单方便。

【任务描述】

学院英语考试结束后，对各专业的学生英语成绩情况做了一份统计表和一份成绩比较图，内容和格式如图 2.4.1 所示。

本次任务需能根据数据选择对应图表对数据进行分析。

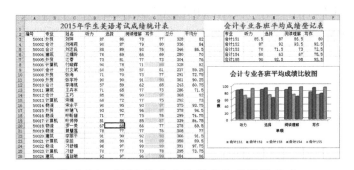

图 2.4.1　2015 年学生英语考试成绩统计表

【相关知识】

2.4.1　Excel 图表

图表作为数据的可视表示形式，是将数值数据显示为图形格式，使用户能更加直观地分析或查看数据与数据之间的联系、数据的变化趋势等。

Excel 2010 中的图表有嵌入式图表、工作表图表、迷你图表。

1. 制作嵌入式图表

在工作表中通过选择单元格区域中的数据添加的图表，这个图表直接出现在工作表上，如同镶嵌一般，因此称为嵌入式图表。

在图 2.4.2 所示工作表中制作嵌入式图表。

	A	B	C	D
1	2014年10月模拟全国主要城市PM2.5指数一览表			
2	城市	PM2.5指数		
3	南宁	65		
4	三亚	27		
5	大连	53		
6	南昌	91		
7	重庆	68		
8	长沙	90		
9	太原	99		
10	南京	58		
11	昆明	35		
12	成都	66		
13	海口	30		
14	石家庄	160		
15	贵阳	60		
16	合肥	58		
17	哈尔滨	135		
18	珠海	59		
19	开封	95		

图 2.4.2　全国主要城市 PM2.5 指数一览表

（1）选择数据区域 A2:B19，在"插入"选项卡"图表"组中单击"柱形图"命令。

（2）然后单击"簇状柱形图"（鼠标在图形上停留一会，会出现该图形的名称和说明），如图 2.4.3 所示，制作的图表如图 2.4.4 所示。

可以在"插入"选项卡"图表"组中选择其他图表类型，如折线图、饼图、条形图、面积图、散点图、其他图表（股价图、曲面图、圆环、气泡、雷达图），在其他图表中单击"所有图表类型"，如图 2.4.5 所示，以查看所有图表类型。

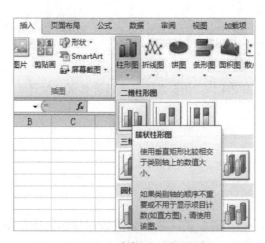

图 2.4.3　选择簇状柱形图

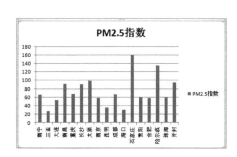 

图 2.4.4　全国主要城市 PM2.5 指数一览表簇状柱形图　　图 2.4.5　查看所有图表类型

2. 设置或修改图表

（1）移动或放大 / 缩小图表

将鼠标移动到图表"图表区"上，按住鼠标左键不放，同时移动鼠标可以移动图表。

将鼠标移动到图表的四个角上，按住鼠标左键不放，同时移动鼠标可以放大 / 缩小图表。

（2）添加 / 修改图表标题

如图表中有图表标题，鼠标单击，直接修改即可。

如图表中没有图表标题，需要添加标题，则单击图表，在"布局"选项卡"标签"组中单击"图表标题"命令，然后选择图表标题样式，这里选择"图表上方"，如图 2.4.6 所示。

选择在图表中出现的"图表标题"，输入"2014 年 10 月模拟全国主要城市 PM2.5 指数一览表"，结果如图 2.4.7 所示。

 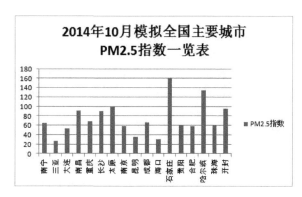

图 2.4.6　选择图表标题样式　　图 2.4.7　添加图表标题

（3）添加坐标轴标题

单击图表，在"布局"选项卡"标签"组中单击"坐标轴标题"命令，然后选择"主要横坐标轴标题"，再选择"坐标轴下方标题"，如图2.4.8所示，单击在图表中出现的"坐标轴标题"，输入"城市"。

单击图表，在"布局"选项卡"标签"组中单击"坐标轴标题"命令，然后选择"主要纵坐标轴标题"，再选择"竖排标题"，如图2.4.9所示，单击在图表中出现的"坐标轴标题"，输入"PM2.5指数"，结果如图2.4.10所示。

图 2.4.8　添加横坐标轴标题　　　　图 2.4.9　添加纵坐标轴标题

图 2.4.10　添加坐标轴标题

如果要删除图表标题、坐标轴标题，选中对应标题，按【Delete】键即可。

（4）修改图例

在制作图表时，会自动显示图例，如图2.4.10中方框部分，如果用户不需要图例或者要改变图例的位置，单击图表，在"布局"选项卡"标签"组中单击"图例"命令，然后选择"无"，即关闭图例。

（5）模拟运算表

单击图表，在"布局"选项卡"标签"组中单击"模拟运算表"命令，然后根据需要选择"无""显示模拟运算表""显示模拟运算表和图例项标示"。

（6）更改数据源和图表类型

图表制作完成后，如果数据区域 A2:B19 中的数据发生改变，图表也会自动发生改变，如城市中的"南京"改成"北京"，PM2.5 指数中"65"改成"85"等。但是如果添加一列数据，图表不会自动改变，这时，必须在"选择数据源"对话框中添加数据系列。

在图 2.4.2 所示的工作表中新增数据列"空气质量等级"，如图 2.4.11 所示，修改图表数据源。

	A	B	C
1	2014年10月模拟全国主要城市PM2.5指数一览表		
2	城市	PM2.5指数	空气质量等级
3	南宁	65	2
4	三亚	27	1
5	大连	53	2
6	南昌	91	3
7	重庆	68	2
8	长沙	90	3
9	太原	99	3
10	南京	58	2
11	昆明	35	1
12	成都	66	2
13	海口	30	1
14	石家庄	160	4
15	贵阳	60	2
16	合肥	58	2
17	哈尔滨	135	4
18	珠海	59	2
19	开封	95	3

图 2.4.11　新增数据列"空气质量等级"

选中制作完成的图表，单击鼠标右键，如图 2.4.12 所示，在弹出的菜单中选择"选择数据"。

图 2.4.12　选择"选择数据"

在弹出的"选择数据源"对话框中，单击"图例项（系列）"下方的"添加"按钮，如图 2.4.13 所示。

弹出"编辑数据系列"对话框中，在系列名称中输入"空气质量等级"，在系列值中输入数据列区域"=Sheet1!$C$3:$C$19"，或者单击"系列值"后的"▦"选择数据列区域，如图 2.4.14 所示，单击"确定"按钮，返回到"选择数据源"对话框，再次单击"确定"按钮。新图表如图 2.4.15 所示。

图 2.4.13 "选择数据源"对话框 图 2.4.14 "编辑数据系列"对话框

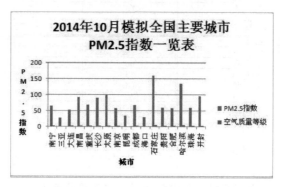

图 2.4.15 新增"空气质量等级"系列

如果要更改图表类型,选择图表,单击鼠标右键,在弹出的菜单中选择"更改图表类型",如图 2.4.16 所示。在弹出的"更改图表类型"对话框中选择需要的图表类型(鼠标在图形上停留一会,会出现该图形的名称),如图 2.4.17 所示。

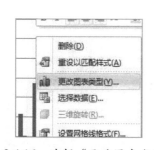

图 2.4.16 选择"更改图表类型"

图 2.4.17 "更改图表类型"对话框

(7)设置坐标轴格式

在制作图表时,选择大多数图表类型,都会自动显示坐标轴,在"设置坐标轴格式"对话框中,可以根据用户具体需要,设置坐标轴格式。

选择图表的横坐标轴,单击鼠标右键,在弹出的菜单中选择"设置坐标轴格式",如图 2.4.18 所示,或者在"格式"选项卡"当前所选内容"中单击"设置所选内容格式"命令,如图 2.4.19 所示。

图 2.4.18 选择"设置坐标轴格式" 图 2.4.19 "设置所选内容格式"命令

在弹出的"设置坐标轴格式"对话框中,如图 2.4.20 所示,可以对坐标轴刻度线间隔、数字、填充、线条颜色、对齐方式等进行设置。如这里将"对齐方式"选项中的"文字方向"设置为"竖排",图表效果如图 2.4.21 所示。

图 2.4.20 "设置坐标轴格式"对话框

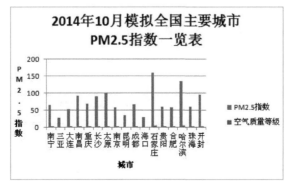

图 2.4.21 "文字方向"设置为"竖排"

3. 制作工作表图表

工作表图表指工作表就是一个图表，除了图表以外不含其他内容，制作步骤如下：

单击图 2.4.2 中的数据区域任一单元格，按【F11】键，插入以"Chart1"命名的工作表图表，如图 2.4.22 所示。

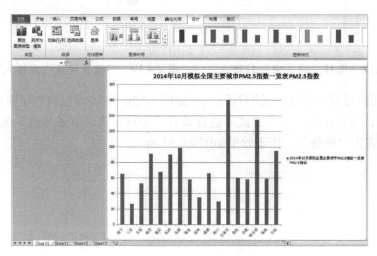

图 2.4.22　工作表图表

如果用户要修改工作表图表的图表标题、坐标轴标题、图例、图表类型等内容，可以根据前面所讲内容在"布局"选项卡的"标签"组中、"更改图表类型"对话框中进行修改。

4. 工作表图表和嵌入式图表的相互转换

（1）工作表图表转换为嵌入式图表

选中工作表图表，单击鼠标右键，在弹出的菜单中选择"移动图表"，如图 2.4.23 所示，在弹出的"移动图表"对话框中，如图 2.4.24 所示，选择"对象位于"，再选择在哪个工作表中生成嵌入式图表即可，如图中选择"Sheet1"。单击"确定"按钮，转换后，"Chart1"工作表图表消失，在"Sheet1"生成嵌入式图表。

图 2.4.23　右键菜单

图 2.4.24　"移动图表"对话框

（2）嵌入式图表转换为工作表图表

选中嵌入式图表，单击鼠标右键，在弹出的菜单中选择"移动图表"，在弹出的"移动图表"对话框中，选择"新工作表"，再输入工作表图表名，如"Chart2"或使用默认名，单击"确定"按钮，转换后，生成以"Chart2"命名的工作表图表，原工作表中的嵌入式图表消失。

5. 制作迷你图表

Excel 2010 提供了制作迷你图表功能，通过制作迷你图表，可以在一个单元格内生成微型图表，以突出显示重要数据的变化趋势。以如图 2.4.25 所示数据，制作迷你图表步骤如下。

	A	B	C	D	E	F	G
1	学生学期平均成绩统计表						
2	姓名	第1学期	第2学期	第3学期	第4学期	第5学期	
3	李散达	86.32	90.21	78.32	72.61	67.89	
4	丁智区	90.01	78.98	82.56	80.11	77.32	
5	关壹花	72.35	78.32	79.29	82.16	88.35	
6	孙庆	87.25	63.27	60.89	78.25	78.77	
7	刘天琴	90.25	90.21	83.67	85.29	91.39	

图 2.4.25　学生学期平均成绩统计表

（1）选择 G3 单元格，在"插入"选项卡"迷你图"组中单击"折线图"命令。

（2）弹出"创建迷你图"对话框，如图 2.4.26 所示，在"数据范围"中输入"B3：F3"，单击"确定"按钮，在 G3 单元格中生成迷你图。

图 2.4.26　"创建迷你图"对话框

（3）用鼠标选择 G3 单元格的右下角，出现黑色实心"十"字符号时按住鼠标左键拖动到 G7，释放，实现自动填充，如图 2.4.27 所示。

	A	B	C	D	E	F	G
1	学生学期平均成绩统计表						
2	姓名	第1学期	第2学期	第3学期	第4学期	第5学期	
3	李散达	86.32	90.21	78.32	72.61	67.89	
4	丁智区	90.01	78.98	82.56	80.11	77.32	
5	关壹花	72.35	78.32	79.29	82.16	88.35	
6	孙庆	87.25	63.27	60.89	78.25	78.77	
7	刘天琴	90.25	90.21	83.67	85.29	91.39	

图 2.4.27　迷你图表制作效果

如果要更换迷你图表的图表类型，选中迷你图表，在"设计"选项卡"类型"组中选择所需图表类型，如图 2.4.28 所示。

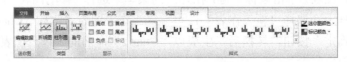

图 2.4.28　在"类型"中选择所需图表类型

2.4.2　数据透视表

数据透视表一种可以快速汇总大量数据的交互式工具，使用数据透视表，可以方便分析数值数据，显示用户感兴趣区域的明细数据，以友好的方式，查询大量数据等。要体现数据透视表的优势，最好工作表中有大量数据。

1. 创建数据透视表

在图 2.4.29 所示的工作表中创建数据透视表。

	A	B	C	D	E	F
1			商场一季度销售统计表			
2	销售员编号	姓名	部门	一月销售额	二月销售额	三月销售额
3	300001	赖安妹	食品	34129	26196	55351
4	300002	冷姝萌	百货	73221	96316	25516
5	300003	孙丽萌	电器	36333	37212	66222
6	300004	苏亚	百货	55116	33227	44323
7	300005	田俊涛	食品	33136	55610	44375
8	300006	蔡和俊	食品	66313	77112	77191
9	300007	黄珍和	电器	66333	66712	66407
10	300008	黄诗珍	食品	66221	55343	33006
11	300009	林敏航	食品	43124	51264	21253
12	300010	范志明	食品	25121	16339	34137
13	300011	李辉	百货	67334	36113	71173
14	300012	李雷辉	百货	71111	88294	61112
15	300013	李宇梦	电器	54114	27111	34006
16	300014	沈子军	电器	47115	66213	55334
17	300015	李俊	食品	33227	66555	77223
18	300016	陈诗宇	食品	83222	91229	33661
19	300017	董婉宇	百货	88335	55116	33111
20	300018	陈丽君	百货	77331	66542	77223
21	300019	周利丰	食品	55111	33002	44331
22	300020	周俊武	百货	66123	44094	44326
23	300021	宋世杰	百货	66327	55001	77213
24	300022	孙飞越	电器	88671	55991	66332
25	300023	宋悦	食品	44664	33095	44211
26	300024	梁萍瀚	电器	66771	66905	55127
27	300025	秦丽	食品	77813	55992	66116

图 2.4.29　商场一季度销售统计表

在创建数据透视表时，要注意工作表数据区域中一定要含有列标题（销售员编号、姓名等），每一个标题都是一个字段，数据区域中不要有空行或空列、每一列数据的数据类型应一致。

（1）单击数据区域中任一单元格，在"插入"选项卡"表格"组中单击"数据透视表"命令，如图 2.4.30 所示。

（2）在弹出的"创建数据透视表"对话框中，使用默认值即可。也可以根据需要在"表 / 区域："后重新输入数据区域，或在"选择放置数据透视表的位置"中指定据透视表位置，单击"确定"按钮，如图 2.4.31 所示。

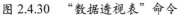

图 2.4.30 "数据透视表"命令   图 2.4.31 "创建数据透视表"对话框

（3）在"创建数据透视表"对话框中使用默认值，单击"确定"按钮后，生成新工作表，如 Sheet4，新工作表"Sheet4"中有两部分内容，左侧内容如图 2.4.32 所示，是数据透视表的布局区域，右侧内容如图 2.4.33 所示，是"数据透视表字段列表"。该字段来源于数据区域中的列标题。

如未显示图 2.4.33 所示的"数据透视表字段列表"，可单击数据透视表的布局区域，再单击鼠标右键，在弹出的快捷菜单中选择"显示字段列表"。

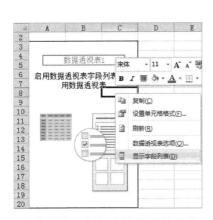

图 2.4.32 数据透视表布局区域   图 2.4.33 数据透视表字段列表

（4）在"选择要添加到报表的字段"中选择要添加的字段，如这里选择"姓名""一月销售额"（在复选框中打勾），Excel 会将你选择的字段放置到数据透视表的布局区域显示，效果如图 2.4.34 所示。

 注意

　　数值类型字段自动布置在右侧，不是数值类型字段自动布置在左侧，如图 2.4.34 中所示。

	A	B
1		
2		
3	行标签 ▼	求和项:一月销售额
4	蔡和俊	66313
5	陈丽君	77331
6	陈诗宇	83222
7	董婉宇	88335
8	范志明	25121
9	黄诗珍	66221
10	黄珍和	66333
11	赖安妹	34129
12	冷殊萌	73221
13	李辉	67334
14	李俊	33227
15	李雪辉	71111

图 2.4.34 选择"姓名""一月销售额"生成的数据透视表

2. 数据透视表的应用

在图 2.4.33 所示的"数据透视表字段列表"中，给用户提供了四个区域"报表筛选""列标签""行标签""数值"。

将字段拖动到"报表筛选"区域：根据用户拖动的字段筛选数据，实现报表筛选。

将字段拖动到"列标签"区域：根据用户拖动的字段，该字段中的内容按列显示。

将字段拖动到"行标签"区域：根据用户拖动的字段，该字段中的内容按行显示。

将字段拖动到"数值"区域：根据用户拖动的字段，该字段可用于汇总操作（求和、计数、平均值、最大值、最小值等）。

在图 2.4.29 所示工作表中创建反映"食品"部门的人员"姓名"的数据透视表。

（1）在图 2.4.33 所示的"选择要数据透视表字段列表"中选择要添加的字段，选择"部门""姓名"。

（2）单击"部门"右侧的"下三角"按钮，如图 2.4.35 所示。

（3）在弹出的列表框中，去掉"全选"，在"食品"前的复选框打勾，单击"确定"按钮，筛选数据，如图 2.4.36 所示（在该列表框中，可以对字段进行排序操作），效果如图 2.4.37 所示。

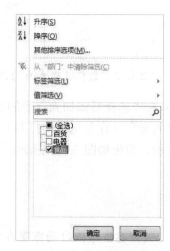

图 2.4.35 "部门"右侧的"下三角"按钮　　图 2.4.36 在"食品"前的复选框打勾

可以在"行标签"区域中移动字段的位置顺序，移动"部门""姓名"，如图 2.4.38 所示，效果如图 2.4.39 所示。

图 2.4.37　筛选数据结果　　图 2.4.38　改变"行标签"位置顺序　　图 2.4.39　改变后的结果

在图 2.4.29 工作表中，创建反映各部门每个月销售金额总计的数据透视表。

在图 2.4.33"选择要数据透视表字段列表"中选择要添加的字段，选择"部门""一月销售额""二月销售额""三月销售额"。

在"行标签"区域中自动添加字段"部门"，在"数值"区域中自动添加字段"一月销售额""二月销售额""三月销售额"。鼠标左键单击"数值"区域中的"一月销售额"字段，选择"值字段设置"，在弹出的"值字段设置"对话框的"值字段汇总方式"中选择"求和"选项，"二月销售额""三月销售额"的"值字段汇总方式"都选择"求和"，效果如图 2.4.40 所示。

> **注意**
>
> 用户勾选的字段默认是自动添加在"行标签"区域中，除了数值类型字段之外，用户勾选的数值类型字段自动添加在"数值"区域中。

行标签	求和项:一月销售额	求和项:二月销售额	求和项:三月销售额
百货	564898	474703	433997
电器	359337	320144	343428
食品	562081	561737	530855
总计	1486316	1356584	1308280

图 2.4.40　反映各部门每个月销售金额总计的数据透视表

如果要查看汇总数据的详细信息，如查看"百货"部门人员每月销售金额的详细信息，则左键双击"A4"单元格，在弹出的"显示明细数据"对话框中选择"姓名"，单击"确定"按钮，如图 2.4.41 所示，结果如图 2.4.42 所示。

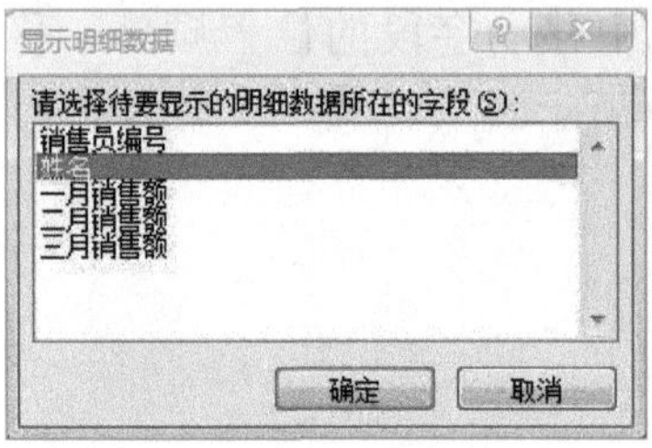

图 2.4.41 “显示明细数据”对话框

	A	B	C	D
1				
2				
3	行标签	求和项:一月销售额	求和项:二月销售额	求和项:三月销售额
4	⊟百货	564898	474703	433997
5	陈丽君	77331	66542	77223
6	董婉宇	88335	55116	33111
7	冷殊萌	73221	96316	25516
8	李辉	67334	36113	71173
9	李雪辉	71111	88294	61112
10	宋世杰	66327	55001	77213
11	苏亚	55116	33227	44323
12	周俊武	66123	44094	44326
13	⊞电器	359337	320144	343428
14	⊞食品	562081	561737	530855
15	总计	1486316	1356584	1308280

图 2.4.42 显示明细数据

也可以单击“B4”单元格，单击鼠标右键，在弹出的快捷菜单中选择“显示详细信息”，或者直接鼠标左键双击，这时，Excel 会自动新建一个工作表，并在该工作表中显示详细信息，如图 2.4.43 所示。

	A	B	C	D	E	F
1	销售员编号	姓名	部门	一月销售额	二月销售额	三月销售额
2	300021	宋世杰	百货	66327	55001	77213
3	300002	冷殊萌	百货	73221	96316	25516
4	300020	周俊武	百货	66123	44094	44326
5	300004	苏亚	百货	55116	33227	44323
6	300018	陈丽君	百货	77331	66542	77223
7	300017	董婉宇	百货	88335	55116	33111
8	300012	李雪辉	百货	71111	88294	61112
9	300011	李辉	百货	67334	36113	71173

图 2.4.43 在新工作表中显示详细信息

2.4.3 数据透视图

数据透视图即是将数据透视表中的数据以图表的形式展现。数据透视图的创建可以在数据透视表的基础上创建，也可以用表格中的数据创建（同时生成对应的数据透视表）。

1. 创建数据透视图（在数据透视表的基础上创建）

在图 2.4.29 所示的工作表中，创建反映各部门每个月销售金额总计的数据透视图。

（1）首先制作数据透视表，这里略过，效果如图 2.4.40 所示。

（2）选择“数据透视表工具—选项”选项卡“工具”组中的“数据透视图”，如

图 2.4.44 所示。

图 2.4.44 "数据透视图"命令

（3）在弹出的"插入图表"对话框中进行选择，如这里选择"簇状圆柱图"，单击"确定"按钮，如图 2.4.45 所示，生成的数据透视图如图 2.4.46 所示。

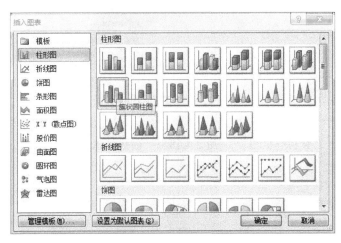

图 2.4.45 选择"簇状圆柱图"

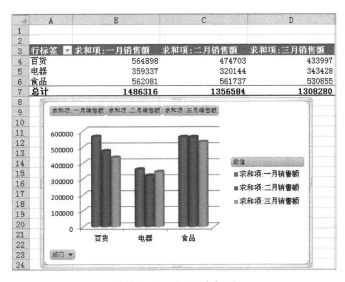

图 2.4.46 数据透视图

2．创建数据透视图（用表格中的数据创建）

在图 2.4.29 所示的工作表中，创建反映各部门每个月销售金额总计的数据透视图。

（1）选择 A2:F27 单元格区域，在"插入"选项卡"表格"组中单击"数据透视表"命令的下半部，选择"数据透视图"，如图 2.4.47 所示。

（2）在弹出的"创建数据透视表及数据透视图"对话框中，选择"现有工作表"，在"位置"中选择或输入单元格区域，单击"确定"按钮，如图 2.4.48 所示。

（3）在右侧"数据透视表字段列表"中选择要添加的字段，选择"部门""一月销售额""二月销售额""三月销售额"，生成数据透视图，同时生成对应的数据透视表，如图 2.4.49 所示。

图 2.4.47　选择"数据透视图"　　图 2.4.48　"创建数据透视表及数据透视图"对话框

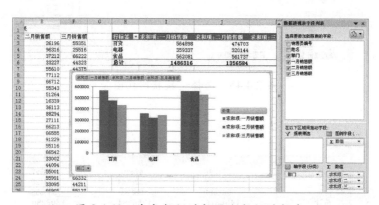

图 2.4.49　生成数据透视图和数据透视表

3．修改数据透视图

在"数据透视图工具—设计"选项卡的"类型"组中可以更改图表类型，在"布局"选项卡中可以更改图表的标题、坐标轴标题、图例等，如图 2.4.50 所示。

图 2.4.50　"数据透视图工具—布局"选项卡

【任务实施】

要完成图 2.4.1 所示“2015 年学生英语考试成绩统计表”的创建和编辑，步骤如下：

1. 创建文档

（1）创建一个文件名为“2015 年学生英语考试成绩统计表”，扩展名为 .xlsx 的 Excel 工作簿。

（2）单击“保存”按钮，将文档暂时存盘到指定位置。

2. 输入表格数据

在 A1 单元格输入表格标题“2015 年学生英语考试成绩统计表”，在 K1 单元格输入表格标题“会计专业各班平均成绩登记表”，在 A2:O2 单元格区域中分别输入各列标题“编号”～“写作”。

在相应单元格中输入对应数据信息，完成基础录入工作，录入完成后，效果如图 2.4.51 所示。

	A	B	C	D	E	F	G	H	I	J	K	L	M	N	O
1	2015年学生英语考试成绩统计表										会计专业各班平均成绩登记表				
2	编号	专业	姓名	听力	选择	阅读理解	写作	总分	平均分		专业	听力	选择	阅读理解	写作
3		外贸	刘萍	87	86	78	77				会计151	85.5	87	86.5	80
4		会计	刘湘莉	90	87	79	80				会计152	87	92	93.5	92.5
5		会计	刘志良	88	89	93	76				会计153	70	71.5	73	72.5
6		建筑	江媚玲	76	69	66	69				会计154	60	63	67	75.5
7		外贸	江春	73	81	77	73				会计155	90	92.5	95	93.5
8		计算机	付晓辉	90	78	71	89								
9		会计	付文斌	60	59	57	61								
10		外贸	张海	71	70	73	77								
11		外贸	张宇玲	90	90	91	90								
12		会计	李海桃	57	59	62	65								
13		建筑	王卉本	71	65	77	73								
14		会计	王巧	85	96	90	97								
15		计算机	宋媚	68	72	77	75								
16		物流	宋永平	90	95	93	97								
17		外贸	叶驰飞	93	92	96	97								
18		物流	叶盼甜	71	77	75	76								
19		计算机	叶师师	81	86	85	87								
20		物流	罗一美	67	68	66	77								
21		物流	曾慧莲	78	77	77	76								
22		建筑	李翠平	91	90	92	93								
23		计算机	李蕊	88	90	91	89								
24		物流	刁舒媚	96	97	99	99								
25		计算机	刁舒	70	77	70	78								
26		建筑	温甜敏	92	97	96	99								

图 2.4.51 基础录入工作

3. 表格格式化

（1）标题内容格式化

根据表格列标题共占有的单元格长度，选中 A1:I1 单元格区域、K1:O1 单元格区域，在单元格格式设置中合并及居中，使标题位于整个表格上方居中位置。

将标题文字“2015 年学生英语考试成绩统计表”“会计专业各班平均成绩登记表”设置字体为“华文楷体”，字号为 20 号，加粗，颜色为“红色，强调文字颜色 2，深色 25%”，设置界面如图 2.4.52 所示。

选中 A1:I1 单元格区域、K1:O1 单元格区域，设置单元格格式，打开“填充”选项卡，背景色选择“白色，背景 1，深色 15%”。

（2）“编号”列自动填充

选中 A3:A26 单元格区域，单击“数据”选项卡“数据工具”组中的“数据有效性”命令，在“数据有效性”对话框中设置数据有效性为“文本长度”，长度等于 5。

在 A3 单元格中输入"50001",移动鼠标到 A3 单元格右下角,当出现填充柄实心"十"字型时,按住【Ctrl】键同时拖动鼠标至 A26 单元格,即可完成序号的自动递增填充。

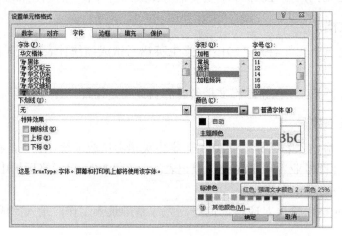

图 2.4.52　设置标题文字效果

（3）"写作"列格式化

选中 G3:G26 单元格区域,单击"开始"选项卡"样式"组中的"条件格式"命令,选择"突出显示单元格规则",选择"大于"。

在"为大于以下值的单元格设置格式"中输入"80","设置为"中选择"黄填充色深黄色文本"。

（4）设置边框

选中 A2:I26、K2:O7 单元格区域,设置单元格格式,打开"边框"选项卡。设置外边框,线条区选择"单实线",颜色区选"黑色"。

4. 公式计算

（1）总分

选中 H3 单元格,输入"=SUM(D3:G3)",按【Enter】键。用鼠标选择 H3 单元格的右下角,出现黑色实心"十"字符号时,按住鼠标左键拖动实现自动填充。

（2）平均分

选中 I3 单元格,输入"=AVERAGE(D3:G3)",按【Enter】键。用鼠标选择 I3 单元格的右下角,出现黑色实心"十"字符号时,按住鼠标左键拖动实现自动填充。

5. 制作图表

（1）选择数据区域 K2:O7,在"插入"选项卡"图表"组中单击"柱形图"命令,选择"簇状圆柱图"。

（2）选择图表,在"设计"选项卡"数据"组中单击"切换行/列"命令。

（3）单击图表,在"布局"选项卡"标签"组中单击"图表标题"命令,选择"图表上方",输入"会计专业各班平均成绩比较图"。

（4）单击图表，在"布局"选项卡"标签"组中单击"坐标轴标题"命令，然后选择"主要横坐标轴标题"，再选择"坐标轴下方标题"，输入"单项"。

单击图表，在"布局"选项卡"标签"组中单击"坐标轴标题"命令，然后选择"主要纵坐标轴标题"，再选择"竖排标题"，输入"分数"。

（5）单击图表，在"布局"选项卡"标签"组中单击"图例"命令，然后选择"在底部显示图例"，图表效果如图 2.4.53 所示。

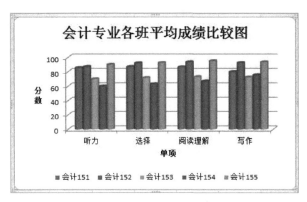

图 2.4.53 会计专业各班平均成绩比较图

6. 制作数据透视表

（1）单击 A2:I26 单元格区域中任一单元格，在"插入"选项卡"表格"组中单击"数据透视表"命令，在弹出的"创建数据透视表"对话框中，使用默认值即可。

（2）在"选择要数据透视表字段列表"中选择要添加的字段，选择 "专业""姓名""听力""选择""阅读理解""写作"，其中"听力""选择""阅读理解""写作"的"值字段汇总方式"选择"求和"。数据透视表如图 2.4.54 所示。

	A	B	C	D	E
2					
3	行标签 ▼	求和项:听力	求和项:选择	求和项:阅读理解	求和项:写作
4	⊟会计	380	390	381	379
5	付文斌	60	59	57	61
6	李海桃	57	59	62	65
7	刘湘莉	90	87	79	80
8	刘志良	88	89	93	76
9	王巧	85	96	90	97
10	⊟计算机	397	403	394	418
11	刁舒	70	77	70	78
12	付晓辉	90	78	71	89
13	李蕊	88	90	91	89
14	宋娟	68	72	77	75
15	叶师师	81	86	85	87
16	⊟建筑	330	321	331	334
17	江娟玲	76	69	66	69
18	李翠平	91	90	92	93
19	王卉本	71	65	77	73

图 2.4.54 反映各专业学生英语各单项成绩总和的数据透视表

【能力拓展】

1. 新建一空白工作簿，sheet1 工作表更名为“天府食品 2015 年 1 季度销售汇总”，按以下要求建立表格，保存到指定文件夹中。效果如图 2.4.55 所示。

F16

	A	B	C	D	E
1	天府食品2015年1季度销售汇总				
2	产品名称	单位	批发价(元)	数量	销售额
3	镇江陈醋	瓶	13.6	600	
4	恒顺酱油	瓶	9.8	800	
5	四川辣椒粉	瓶	15.2	1200	
6	天玛生态羊肉串	袋	72.8	800	
7	好易家碘州家常菜套餐	盒	158	750	
8	内蒙古全羊套装	盒	378.8	1300	
9	碘州雪花牛肉节日礼盒	盒	888	560	
10	加拿大野生北极甜虾	盒	66.7	3200	
11	北京稻香村	袋	198	6700	
12	保定大午五香驴肉	盒	118	3800	
13	全聚德 五香烤鸭	袋	108.5	1100	

图 2.4.55　天府食品 2015 年 1 季度销售汇总

要求：

（1）将标题设置为合并及居中，字体设置为“宋体”，字号 20，加粗，水平、垂直居中，字体颜色“橙色，强调文字颜色 6”；

（2）单元格区域“A2:E2”设置底纹，填充颜色“红色，强调文字颜色 2，淡色 80%”；

（3）将除标题以外的所有数据添加边框，外边框设置为双实线，内边框设置为黑色单线；

（4）计算销售额（销售额 = 批发价 * 数量）；

（5）创建图表，以“镇江陈醋、恒顺酱油、四川辣椒粉”的“销售额”为数据，创建图表；

（6）图表类型为堆积圆柱图；

（7）在图表上方添加标题，内容为“2015 年 1 季度产品销售额”，字号 12；

（8）将图表样式设置为“样式 3”。

2. 新建一空白工作簿，Sheet1 工作表更名为“2014 年商品销售记录”，按以下要求建立表格，保存到指定文件夹中。效果如图 2.4.56 所示。

要求：

（1）将标题设置为合并及居中，字体设置为“宋体”，字号为 20，蓝色，水平、垂直居中；

（2）将除标题以外的所有数据添加边框，外边框设置为单实线；

（3）创建数据透视表，并将数据透视表放置在当前工作表的 I5 处；

（4）将“超市”放到“行标签”区，将“第 1 季度”“第 2 季度”“第 3 季度”放到“数值”区，计算类型为“求和”；

（5）对数据透视结果进行筛选，筛选出"恒顺酱油""四川辣椒粉"的销售情况。

	A	B	C	D	E	F
1	2014年商品销售记录					
2	产品	超市	第1季度	第2季度	第3季度	第4季度
3	镇江陈醋	天天	300	700	750	660
4	镇江陈醋	民慧	500	350	670	760
5	镇江陈醋	宜家	450	280	500	770
6	镇江陈醋	大众	700	310	500	670
7	镇江陈醋	家福	500	460	560	530
8	镇江陈醋	华彩	600	600	700	510
9	恒顺酱油	天天	1000	1200	800	870
10	恒顺酱油	民慧	980	1280	980	800
11	恒顺酱油	宜家	990	1100	930	760
12	恒顺酱油	大众	970	900	900	750
13	恒顺酱油	家福	870	800	800	770
14	恒顺酱油	华彩	690	870	780	790
15	四川辣椒粉	天天	1300	1200	950	960
16	四川辣椒粉	民慧	1100	990	900	950
17	四川辣椒粉	宜家	1000	990	870	990
18	四川辣椒粉	大众	900	1000	950	970
19	四川辣椒粉	家福	990	1300	990	900
20	四川辣椒粉	华彩	1100	1100	1000	1000
21	天玛生态羊肉串	天天	800	900	890	900
22	天玛生态羊肉串	民慧	700	970	880	600
23	天玛生态羊肉串	宜家	770	980	780	600
24	天玛生态羊肉串	大众	780	770	770	900

图 2.4.56　2014 年商品销售记录

任务 2.5　页面设置——销售表设置与打印

　　在完成对工作表的编辑后，如需将工作表打印出来，还应对页边距大小、页眉页脚、打印纸的大小及纸张方向等进行设置，使用打印预览确定打印效果等。

　　本次任务需熟悉 Excel 表格的页面设置方式，能打印相关工作表。

【任务描述】

　　重庆民利超市制作了 2015 年 1 月份的销售表，在完成了金额的统计工作后，需要打印该销售表，打印预览如图 2.5.1 所示。

序号	品名	单位	单价	数量	金额
	重庆民利超市				
	超市月销售表				
18	喜洋洋三件套	套	1200.00	12	￥ 14,400.00
20	晨风四件套	套	1800.00	7	￥ 12,600.00
1	电暖手袋	个	46.80	50	￥ 2,340.00
12	晨光 0.7mm圆珠笔（24支/盒）	盒	25.00	60	￥ 1,500.00
8	狮王细齿洁专业牙银护理牙膏140g/支	支	19.00	60	￥ 1,140.00
17	五丰 珍珠米 5kg	袋	30.00	30	￥ 900.00
9	佳洁士炫白+冰极山泉牙膏180克	支	13.50	60	￥ 810.00
16	福临门 东北优质大米5kg/袋	袋	35.50	20	￥ 710.00
11	吉好仕 刺绣抱枕	个	30.00	20	￥ 600.00
2	芒果布丁	个	6.00	100	￥ 600.00
10	高露洁健白防蛀牙膏140g	支	9.80	60	￥ 588.00
19	晨风枕芯	个	70.00	8	￥ 560.00
14	鲁花 自然鲜酱香酱油160ML	瓶	7.50	60	￥ 450.00
15	海天 海鲜酱油 500ML	瓶	11.00	30	￥ 330.00
13	得力圆珠笔彩盒-12支	盒	7.50	30	￥ 225.00
5	清风200抽装原木纯品盒装面纸	盒	4.50	50	￥ 225.00
4	甘麦 红糖400g/袋	袋	5.50	40	￥ 220.00
6	清风盒装面纸130抽	盒	3.60	50	￥ 180.00
7	洁云200抽盒装面纸	盒	4.10	40	￥ 164.00
3	起得 商务型订书机附起钉器0326（25页）	个	10.50	10	￥ 105.00
				合计	￥ 38,647.00

图 2.5.1　重庆民利超市月销售表打印预览图

【相关知识】

2.5.1　打印页面

1. "页面设置"组

在打印工作表之前，一般要对工作表进行相应的页面设置，以达到最佳的打印效果。

在对工作表进行页面设置时，可以使用"页面设置"组中提供的"页边距""纸张方向""纸张大小""打印区域""分隔符""背景""打印标题"命令，"页面设置"组在"页面布局"选项卡中，如图 2.5.2 所示。

图 2.5.2 "页面布局"选项卡

（1）页边距

页边距是指工作表与打印纸张边沿之间的空白距离。

单击"页面布局"选项卡"页面设置"组中的"页边距"命令，系统提供了"普通""宽""窄"三种预定义选项，如图 2.5.3 所示。如需自定义页边距，单击"自定义边距"，在弹出的"页面设置"对话框中进行"上""下""左""右"边距、页眉、页脚、居中方式的设置，如图 2.5.4 所示。

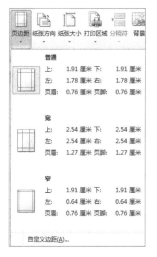

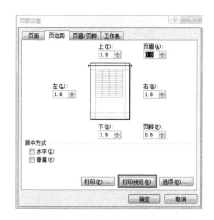

图 2.5.3 "页边距"命令　　　图 2.5.4 "页面设置"对话框

设置完成后，单击"页面设置"对话框中的"打印预览"按钮可查看设置后的打印效果，也可以单击"文件"选项卡，选择"打印"查看，如图 2.5.5 所示。

可以在"打印预览"界面设置页边距，方法是单击"显示边距"按钮（再次单击隐藏边距），图 2.5.5 中右下角方框部分，然后将鼠标指上出现的黑色边距控制点，拖动进行设置。或者单击"页面设置"，图 2.5.5 中椭圆部分，在弹出的"页面设置"对话框中进行设置。

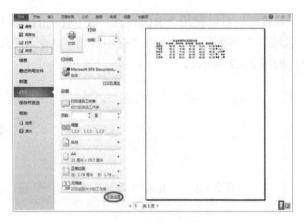

图 2.5.5 "打印预览"界面

(2) 纸张方向

Excel 默认的打印方向是纵向打印，如图 2.5.5 中的纸张打印效果，如希望设置打印方向是横向打印，单击"页面布局"选项卡"页面设置"组中的"纸张方向"命令，选择"横向"，如图 2.5.6 所示，或者在"打印预览"界面中选择"横向"，如图 2.5.7 所示。

图 2.5.6 "纸张方向"命令 图 2.5.7 在"打印预览"界面中选择"横向"

(3) 纸张大小

在打印工作表之前，可以根据需要设置纸张的大小，单击"页面布局"选项卡"页面设置"组中的"纸张大小"命令，如图 2.5.8 所示，选择需要的纸张大小，或者单击"其他纸张大小"，弹出"页面设置"对话框，在"页面"选项卡的"纸张大小"中设置纸张大小，如图 2.5.9 所示。

(4) 打印区域

打印工作表之前，在工作表中通过设置打印区域，可以实现只打印工作表中部分内容（打印区域中的内容）。选择需要打印的单元格区域，单击"页面布局"选项卡"页面设置"组"打印区域"中的"设置打印区域"命令，如图 2.5.10 所示，则成功设置打印区域。按【Ctrl】键不放，再次选择需要打印的单元格区域，单击"页面布局"选项卡"页面设置"组"打印区域"中的"设置打印区域"命令，可以创建多个打印区域，当存在多个打印区域时，每个打印区域打印在不同的纸上。也可以在"页面设置"对话框中切换到"工作表"选项卡，在"打印区域"中输入打印区域，如图 2.5.11 所示，保存工作簿时会保存用户设置的打印区域。

图 2.5.8　"纸张大小"命令

图 2.5.9　"页面"选项卡中设置纸张大小

图 2.5.10　设置打印区域

图 2.5.11　"工作表"选项卡中设置打印区域

要清除打印区域，在图 2.5.10 所示"打印区域"命令中选择"取消印区域"即可，清除所有打印区域。

（5）分隔符

在"分隔符"命令中，通过插入"分页符"来对工作表进行分页打印操作。选择要分页的位置的行号（欲分为上部分一页，下部分一页）或者列标（欲分为左部分一页，右部分一页），然后单击"页面布局"选项卡"页面设置"组中的"分隔符"命令，选择"插入分页符"，如图 2.5.12 所示。

这里选择的是要分页的位置的行号，选择"插入分页符"后，工作表中有一条横向虚线表示分页效果，如图 2.5.13 所示。如果选择的是要分页的位置的列标，选择"插入分页符"后，工作表中有一条竖向虚线表示分页效果，如图 2.5.14 所示，如果选择的是单元格，选择"插入分页符"后，工作表中用一条横向虚线和一条竖向虚线表示分页效果（分成四页），如图 2.5.15 所示。

项目 2

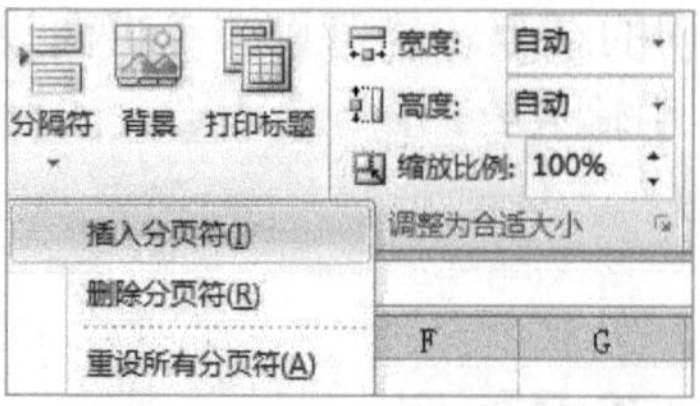

图 2.5.12　"分隔符"命令

图 2.5.13　分为上部分一页，下部分一页

图 2.5.14　分为左部分一页，右部分一页

图 2.5.15　分成四页

在查看和调整分页符操作中，最方便的是使用"分页浏览"视图，方法是单击"视图"选项卡"工作簿视图"组中的"分页预览"命令，如图 2.5.16 所示。

图 2.5.16　"分页预览"效果

（6）背景

在 Excel 中，允许将图片作为工作表的背景，但是打印时，背景图片不会被打印。要添加工作表的背景图片，方法是在工作表中，单击"页面布局"选项卡"页面设置"组中的"背景"命令，在弹出的"工作表背景"对话框中的"文件名"后选择工作表

的背景图片，单击"插入"按钮即可。工作表中有背景图片后，"背景"命令会换为"删除背景"命令，如图 2.5.17 所示。

图 2.5.17　"删除背景"命令

如果想要删除插入的工作表的背景图片，单击"页面布局"选项卡中"页面设置"组中的"删除背景"命令即可。

（7）打印标题

如果想要在打印工作表时连同行号列标一起打印（默认情况下不打印），则单击"页面布局"选项卡"页面设置"组中的"打印标题"命令，在弹出的"页面设置"对话框中选择"行号列标"，如图 2.5.18 所示，打印预览效果如图 2.5.19 所示。

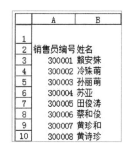

图 2.5.18　选择"行号列标"　　　图 2.5.19　打印"行号列标"

在打印工作表时，如果一页打印不完所有内容，那么在后续页中就只会打印数据内容，不会再有标题，造成查看后续页数据时不方便，若要在后续页中也出现标题，方法为单击"页面布局"选项卡"页面设置"组中的"打印标题"命令，弹出"页面设置"对话框，在"顶端标题行"输入标题区域"$1: $2"（以图 2.5.16 中工作表为例）或者单击"　　"图标选择区域，如图 2.5.20 所示，单击"确定按钮"。打印第一页和第二页部分效果如图 2.5.21 所示。

2. 预览和打印文件

要打印工作表或者预览打印效果，单击"文件"选项卡中的"打印"命令或者在"页面设置"对话框中单击"打印预览"按钮，预览和打印界面如图 2.5.22 所示。

图 2.5.20　在"顶端标题行"输入标题区域

图 2.5.21　打印第一页和第二页的部分效果

图 2.5.22　预览和打印界面

在预览和打印界面中，可以在"份数"中设置打印工作表的份数，在"打印机"中选择对应的打印机，单击"打印机属性"，设置纸张方向，如图 2.5.23 所示。

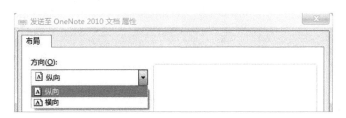

图 2.5.23　设置纸张方向

在设置区域中，可以设置"打印活动工作表"（当前编辑状态中的工作表）、"打印整个工作簿""打印选定区域（前面已介绍）"，如图 2.5.24 所示。

在预览和打印界面中，还可以对打印的页数、打印的方向、纸张大小、页边距、缩放大小进行设置，单击"页面设置"，将弹出"页面设置"对话框。

2.5.2　视图调整

1. 切换工作簿视图

Excel 2010 为用户提供了"普通""页面布局""分页预览"视图，通过单击"视图"选项卡"工作簿视图"组中的命令在不同的视图间进行切换，如图 2.5.25 所示。

图 2.5.24　设置打印内容　　图 2.5.25　"视图"选项卡中"工作簿视图"组

"普通"视图是默认视图。

"页面布局"视图不仅会显示页面打印效果，还可以进行编辑操作，诸如页眉、页脚的显示与添加就需要切换到"页面布局"视图。

"分页预览"视图以蓝色的分页符显示分页效果，并以文字标明"第几页"，可以通过鼠标拖动蓝色的分页符来调整位置。

2. 添加和打印页眉、页脚

打印工作表时，一般只打印工作表的内容，如果需要添加和打印页眉、页脚，步骤如下：

（1）**方法 1**：因页眉、页脚在普通视图中不显示，所以应单击"插入"选项卡"文本"组中的"页眉和页脚"命令，如图 2.5.26 所示，或者单击"视图"选项卡"工作簿视图"组中的"页面布局"命令切换到"页面布局"视图，如图 2.5.27 所示。

图 2.5.26　"页眉和页脚"命令

图 2.5.27　"页面布局"视图

单击工作表中的页眉区域（顶部）、页脚区域（底部），输入文字即可。

（2）**方法 2**：先打开"页面设置"对话框，切换到"页眉／页脚"选项卡，如图 2.5.28 所示，单击"自定义页眉"，弹出"页眉"对话框，如图 2.5.29 所示。

图 2.5.28　"页眉／页脚"选项卡

在"左""中""右"框中输入页眉信息，在"页眉"对话框中，可以更改字体格式、添加页码、时间、日期等内容。要添加页脚信息，单击"自定义页脚"按钮，在"页脚"对话框中进行设置，方法与页眉设置相同。

最后，根据需要，选择"奇偶页不同""首页不同""随文档自动缩放""与页边距对齐"选项，单击"打印预览"按钮可预览打印效果。

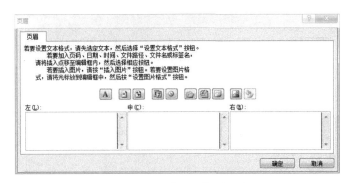

图 2.5.29   "页眉"对话框

3. 冻结窗格

Excel 中提供了冻结窗格功能，单击"视图"选项卡"窗口"组中的"冻结窗格"命令，如图 2.5.30 所示。该功能主要实现固定表格的行或列，当滚动工作表时，固定的行或列不滚动。有"冻结首列""冻结首行""冻结拆分窗格"（用户自定义）。

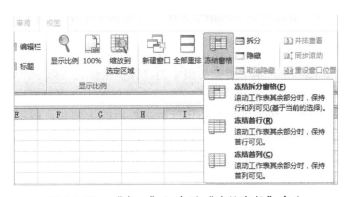

图 2.5.30   "窗口"组中的"冻结窗格"命令

冻结（固定）上部几行：单击在要冻结行下方一行的行号，如冻结上部 2 行，选中第 3 行，或者选择 A3 单元格，单击"视图"选项卡"窗口"组中的"冻结窗格"命令，选择"冻结拆分窗口"即可。选择后，"冻结拆分窗口"自动换成"取消冻结窗格"，第 2 行下方多出一条横线，如图 2.5.31 所示。

如果要取消冻结，单击"视图"选项卡"窗口"组中的"冻结窗格"命令，选择"取消冻结窗格"即可。

冻结（固定）左边几列：单击在要冻结列右方一列列标，如冻结左部 2 列，选中第 3 列，单击"视图"选项卡"窗口"组中的"冻结窗格"命令，选择"冻结拆分窗口"即可。选择后，第 2 列右方多出一条横线，如图 2.5.32 所示。

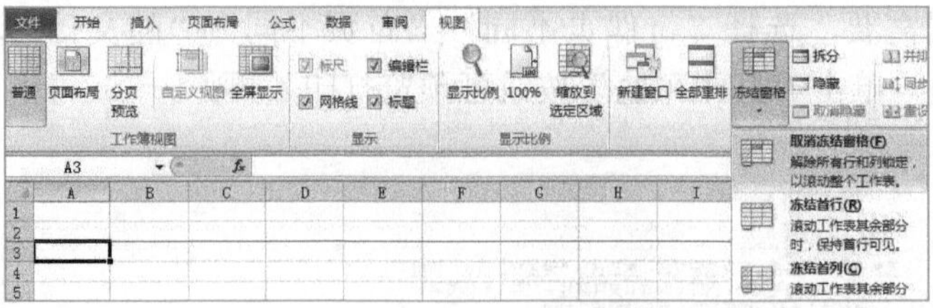

图 2.5.31　冻结上部几行

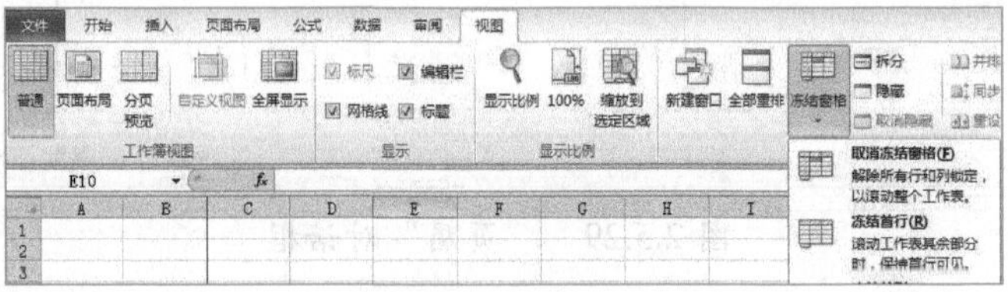

图 2.5.32　冻结（固定）左边几列

2.5.3　保护工作表、工作簿

如果只希望用户查看工作表，不允许用户在工作簿、工作表中进行删除、修改等操作，可以通过在 Excel 中使用“保护工作表”“保护工作簿”功能来实现。

1. 保护工作表

（1）单击“审阅”选项卡“更改”组中的“保护工作表”命令，如图 2.5.33 所示。

（2）在弹出的“保护工作表”对话框中注意“保护工作表及锁定的单元格内容”为选中状态，在“取消工作表保护时使用的密码”中输入密码，根据需要在“允许此工作表的所有用户进行”中指定允许用户进行的操作（一般默认），如图 2.5.34 所示。单击“确定”按钮，会弹出“确认密码”对话框，如图 2.5.35 所示，再次输入密码，单击“确定”按钮，保护工作表完成。

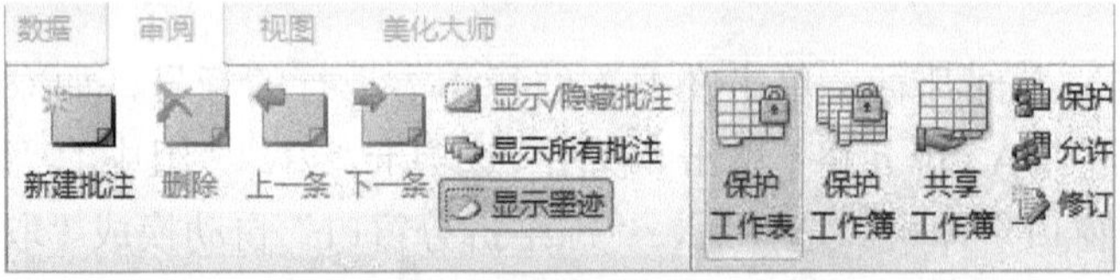

图 2.5.33　“更改”组中的“保护工作表”命令

（3）用户修改被保护工作表中的单元格内容时，会弹出如图 2.5.36 所示的警告信息。

如果要解除被保护工作表，单击“审阅”选项卡“更改”组中的“撤消工作表保护”命令，如图 2.5.37 所示，在弹出的“撤消工作表保护”对话框中输入正确的密码即可。

图 2.5.34 "保护工作表"对话框

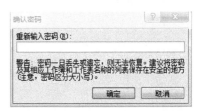

图 2.5.35 "确认密码"对话框

图 2.5.36 警告信息

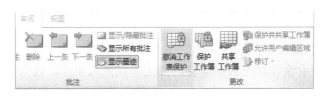

图 2.5.37 "更改"组中的"撤消工作表保护"命令

2. 保护工作簿

（1）单击"审阅"选项卡"更改"组中的"保护工作簿"命令，如图 2.5.37 所示。

（2）在弹出的"保护结构和窗口"对话框中选择保护工作簿的"结构""窗口"，输入密码，单击"确定"按钮。如图 2.5.38 所示，弹出"确认密码"对话框，再次输入密码，单击"确定"按钮。保护工作簿完成。

图 2.5.38 "保护结构和窗口"对话框

图 2.5.39 "插入""删除""重命名"不可用

（3）将鼠标指向工作表标签，单击鼠标右键，在弹出的快捷菜单中，已不能实现工作表的“插入”“删除”“重命名”等操作，如图 2.5.39 所示。

如果要解除被保护工作簿，单击“审阅”选项卡“更改”组中的“保护工作簿”命令，在弹出的“撤消工作簿保护”对话框中输入正确的密码即可。

【任务实施】

要完成图 2.5.1 所示“超市月销售表”的创建和编辑，步骤如下：

1. 创建文档

（1）创建一个文件名为“超市月销售表”，扩展名为 .xlsx 的 Excel 工作簿。

（2）单击“保存”按钮，将文档暂时存盘到指定位置。

2. 输入表格数据

（1）输入标题和表头信息

在 A1 单元格输入表格标题“超市月销售表”，在 A2:G2 单元格区域中分别输入各列标题“序号”～“金额”。

（2）输入表中数据

在相应单元格中输入对应数据信息，完成基础录入工作，录入完成后，效果如图 2.5.40 所示。

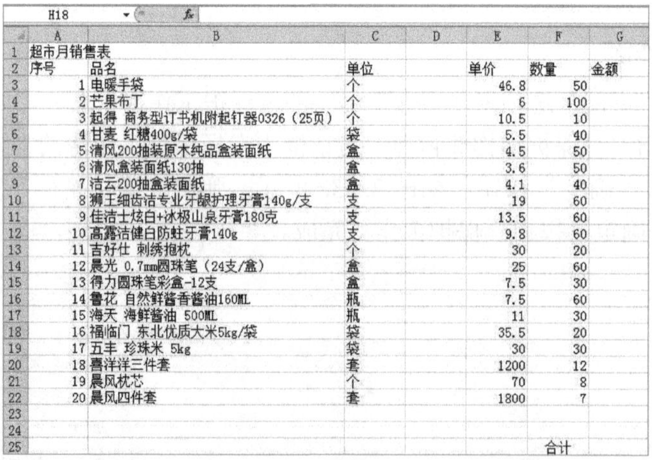

H18

	A	B	C	D	E	F	G
1	超市月销售表						
2	序号	品名	单位		单价	数量	金额
3	1	电暖手袋	个		46.8	50	
4	2	芒果布丁	个		6	100	
5	3	起得 商务型订书机附起钉器0326（25页）	个		10.5	10	
6	4	甘麦 红糖400g/袋	袋		5.5	40	
7	5	清风200抽装原木纯品盒装面纸	盒		4.5	50	
8	6	清风盒装面纸130抽	盒		3.6	50	
9	7	洁云200抽盒装面纸	盒		4.1	40	
10	8	狮王细齿洁专业牙龈护理牙膏140g/支	支		19	60	
11	9	佳洁士炫白+冰极山泉牙膏180克	支		13.5	60	
12	10	高露洁健白防蛀牙膏140g	支		9.8	60	
13	11	吉好仕 刺绣抱枕	个		30	20	
14	12	晨光 0.7mm圆珠笔（24支/盒）	盒		25	60	
15	13	得力圆珠笔彩盒-12支	盒		7.5	30	
16	14	鲁花 自然鲜酱香酱油160ML	瓶		7.5	60	
17	15	海天 海鲜酱油 500ML	瓶		11	30	
18	16	福临门 东北优质大米5kg/袋	袋		35.5	20	
19	17	五丰 珍珠米 5kg	袋		30	30	
20	18	喜洋洋三件套	套		1200	12	
21	19	晨风枕芯	个		70	8	
22	20	晨风四件套	套		1800	7	
23							
24							
25						合计	

图 2.5.40　基础录入工作

3. 表格格式化

（1）标题内容格式化

根据表格列标题共占有的单元格长度，将 A1:G1 单元格区域选中，在单元格格式设置中合并及居中，使标题位于整个表格上方居中位置。

在"开始"选项卡"字体"组中设置标题文字的字体为"微软雅黑"，加粗，字号为 16，颜色为黑色。

选择"列 D"，单击右键，选择"删除"，删除空白的 D 列。

（2）"单价"列格式化

删除空白的 D 列后，再选中 D3:D22，设置单元格格式"数字"选项卡中"数值"类型，并保留 2 位小数显示。

（3）表格的美化设置

❶ 设置边框

选中 A1:F22 单元格区域，设置单元格格式，打开"边框"选项卡。先设置外边框，线条区选择"双实线"，颜色区选"黑色"，后设置内边框，线条区选择"单实线"，颜色区选"黑色"。

选中 E25:F25 单元格区域，设置单元格格式，打开"边框"选项卡。先设置外边框，线条区选择"粗线"，颜色区选"黑色"，后设置内边框，线条区选择"单实线"，颜色区选"黑色"。

❷ 设置底纹

选择单元格 E25，设置单元格格式，打开"填充"选项卡，背景色选择"黄色"。

❸ 设置表格内容文字字体

将表格中所有内容设置字体为"宋体"，字号为 12，颜色为黑色，所有内容水平居中对齐。

4. 公式计算

（1）计算出每一项物品的"金额"（金额 = 单价 * 数量）

选中 F3 单元格，输入"=D3*E3"，按【Enter】键。用鼠标选择 F3 单元格的右下角，出现黑色实心"十"字符号时，按住鼠标左键拖动实现自动填充。

选中 F3:F22 单元格区域，设置单元格格式"数字"选项卡中"会计专用"类型，并保留 2 位小数显示。

（2）"金额"列排序

选中 A2:F22 单元格区域，单击"开始"选项卡"编辑"组中的"排序和筛选"按钮，在弹出的下拉列表中选择"自定义排序"，设置"主要关键字"为"金额"，设置"次序"为"降序"。

（3）计算合计（金额合计）

选中 F25 单元格，输入"=SUM(F3:F22)"，按【Enter】键。

5. 打印设置

（1）插入页眉页脚

单击"插入"选项卡"文本"组中的"页眉和页脚"命令，单击工作表中的页眉区域（顶部）输入文字"重庆民利超市"，页脚区域（底部）输入文字"2015 年 1 月销售统计表"。

（2）调整页边距（数据显示在一页中）

单击"文件"选项卡中的"打印"命令，在"打印预览"界面设置页边距，单击"显示边距"按钮，然后将鼠标指上出现的黑色边距控制点，拖动进行设置。

6. 保护工作簿

单击"审阅"选项卡"更改"组中的"保护工作簿"命令，在弹出的"保护结构和窗口"对话框中选择保护工作簿的"结构""窗口"，输入密码，单击"确定"按钮。在弹出的"确认密码"对话框中，再次输入密码，单击"确定"按钮。

◎【能力拓展】

1. 新建一空白工作簿，Sheet1 工作表更名为"万达公司职工工资表"，按以下要求建立表格，保存到指定文件夹中。效果如图 2.5.41 所示。

	A	B	C	D	E	F
1	万达公司职工工资表					
2	姓名	职称	基本工资	奖金	补贴	工资总额
3	刘景西	实习生	800	0	200	
4	王希敏	高工	8000	2000	1000	
5	王冬新	高工	8000	1800	800	
6	谢万强	工程师	5000	1000	500	
7	谢芳萍	高工	8000	1200	800	
8	吴临	工程师	5000	700	500	
9	郑华杰	高工	8000	1500	1500	
10	何华	技术员	3000	500	300	
11	李松平	工程师	5000	1000	600	
12	韩静静	高工	8000	1700	1300	
13	胡近敏	高工	8000	1600	1600	
14	孙笋峰	工程师	5000	1100	550	
15	方冰	技术员	3000	550	450	

图 2.5.41　万达公司职工工资表

要求：

（1）将标题设置为合并及居中，字体设置为微软雅黑，字号 20，加粗，水平、垂直居中；

（2）其余文字设置为宋体，字号 12，水平、垂直居中；

（3）将除标题以外的所有数据添加边框，外边框设置为双实线，内边框设置为黑色单线；

（4）表格行高值设为 20；

（5）利用函数计算每位职工的工资总额。

（6）利用条件格式将奖金大于 1500 元的设置为"浅红色填充"；

（7）冻结窗格：冻结首行；

（8）设置打印区域，只打印 A1:F6 区域。

2．新建一空白工作簿，Sheet1 工作表更名为"宇德公司销售清单"，按以下要求建立表格，保存到指定文件夹中。效果如图 2.5.42 所示。

	A	B	C	D	E
1	宇德公司销售清单				
2	小组	商品	单击	数量	金额
3	一小组	主板	700	30	
4	二小组	内存条	280	53	
5	一小组	硬盘	530	32	
6	二小组	光盘	210	10	
7	三小组	显示器	1200	41	
8	三小组	主板	700	36	
9	一小组	内存条	280	27	
10	二小组	硬盘	530	38	
11	三小组	光盘	210	8	
12	二小组	显示器	1200	48	
13	三小组	硬盘	530	42	

图 2.5.42　宇德公司销售清单

要求：

（1）将标题设置为合并及居中，字体设置为宋体，字号为 20，蓝色，水平、垂直居中；

（2）其余文字设置为宋体，字号为 14，水平、垂直居中；

（3）表格行高值设为 30；

（4）利用函数计算金额；

（5）对工作表中的数据内容设置主要关键字为"金额"，次序为"升序"；次要关键字为"小组"，次序为"降序"进行排序；

（6）添加页眉"宇德公司小组统计表"，页脚"2015 年 1 月制表"；

（7）将工作表分两页打印，第一页 1～6 行，第二页 7～13 行，每页均有标题"宇德公司销售清单"。

项目 3
PowerPoint 2010 的应用

【项目导读】   本项目将介绍 Microsoft Office 2010 中的演示文稿处理软件 PowerPoint 2010 的基本操作和使用技巧。以经典实用的案例为基础，介绍电子文稿软件 PowerPoint 2010 的基本概念和基本功能，包括 PowerPoint 2010 软件的启动和退出、演示文稿的创建、幻灯片的编辑和美化、演示文稿的放映等内容。

【教学目标】

✓ 掌握 PowerPoint 2010 的启动、退出和窗口组成等基本知识。

✓ 理解 PowerPoint 2010 演示文稿、幻灯片、模板、母板等基本概念。

✓ 掌握演示文稿的创建。

✓ 掌握幻灯片的编辑和美化。

✓ 掌握演示文稿的放映设置。

✓ 掌握动作按钮和超链接操作。

✓ 理解声音、动画和视频的插入操作。

任务 3.1　演示文稿的创建——西藏景点宣传

　　PowerPoint 2010 是一款演示文稿制作软件，是 Microsoft Office 2010 办公套件中的一个重要组件，能处理文字、图形、图像、声音、视频等多媒体信息。从而帮助人们创建一个图文并茂的演示文稿。PowerPoint 2010 被广泛用于学校、公司、公共机关等部门，可制作教学课件、互动演示、产品展示、竞标方案、广告宣传、主题演讲、技术讨论、总结报告、会议简报等演示文稿。

💬▶【任务描述】

　　演示文稿具有多样化的投影片与色彩配置，可以直接在计算机上播放，也可以打印成投影片、讲义。

　　刘军是某旅游公司的职员，公司要求他近日带着介绍西藏的演示文稿前往某单位宣传，以便该单位组织员工前往西藏旅游。刘军利用 PowerPoint 2010 善于处理多媒体信息的功能很快制作了如图 3.1.1 所示的演示文稿，用图文并茂的方式展现出了西藏的人文和风景，并顺利完成了宣传任务。

　　本项目中需要将文本和图片等对象输入或者插入到相应的幻灯片中，设置幻灯片相关对象的要素（包括字体、大小等），对演示文稿进行编辑处理和预演播放。下面就详细介绍该幻灯片的制作过程。

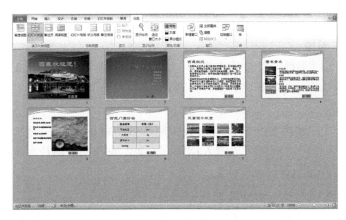

图 3.1.1　西藏景点宣传效果图

【相关知识】

3.1.1 PowerPoint 2010 启动和退出

PowerPoint 2010 的启动与退出与 Word 2010 和 Excel 2010 相同，不再重复叙述。

3.1.2 PowerPoint 2010 窗口的组成

PowerPoint 2010 的窗口界面与 Microsoft Office 的其他软件类似，可以分为如下几个部分：标题栏、功能区、状态栏、工作区等部分。

工作区即 PowerPoint 2010 的文档区，用于显示演示文稿的内容。演示文稿的编辑就是通过对工作区中的内容进行操作来完成的。利用工作区的滚动条可以查看不同区域的内容。PowerPoint 2010 启动后，会在普通视图下进行打开，用户可以在该视图中创建并编辑幻灯片。此时，工作区被划分为幻灯片窗格、大纲/幻灯片缩略图窗格和备注窗格三个部分，如图 3.1.2 所示。

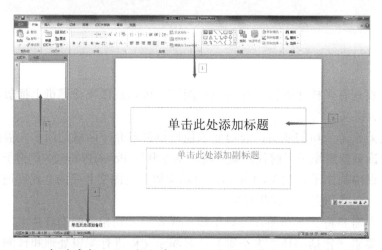

1—幻灯片窗格；2—占位符；3—幻灯片导航区；4—备注窗格

图 3.1.2　PowerPoint 2010 的窗口组成

（1）幻灯片窗格

幻灯片窗格显示当前幻灯片的大视图，是幻灯片的编辑区，可添加文本、插入图片、表格、SmartArt 图形、文本框、电影、声音、超链接和动画等。

（2）占位符

占位符是幻灯片窗格中一种带有虚线或阴影线边缘的方框，绝大部分幻灯片版式中均有占位符。占位符方框内可以键入标题、正文，或者插入图片、表格等其他对象。

（3）幻灯片导航区

幻灯片导航区位于 PowerPoint 窗口的左方，它包含两个选项卡："幻灯片"选项卡和"大纲"选项卡。"大纲"选项卡主要用于显示、编辑演示文稿的文本大纲，其中列出了演示文稿中的每张幻灯片的页码、主题及相应的要点；"幻灯片"选项卡主要用于显示每张幻灯片的缩略图。用户可在该区域内快速编辑幻灯片。如果窗格变得太窄，"幻灯片"选项卡和"大纲"选项卡将更改显示为符号。

（4）备注窗格

在幻灯片窗格下方，备注窗格可以用来键入当前幻灯片的备注提示。在实际播放演示文稿时看不到备注窗格中的信息。

3.1.3 PowerPoint 2010 的视图方式

PowerPoint 2010 提供了四种视图，分别是普通视图、幻灯片浏览视图、备注页、阅读视图。单击"视图"选项卡下面的"演示文稿视图"组中的命令，可以切换视图效果。视图切换按钮如图 3.1.3 所示。

图 3.1.3 视图切换按钮

普通视图：它是系统默认的视图模式，也是 PowerPoint 2010 的主要编辑视图，可用于撰写或者设计演示文稿，如图 3.1.4 所示。

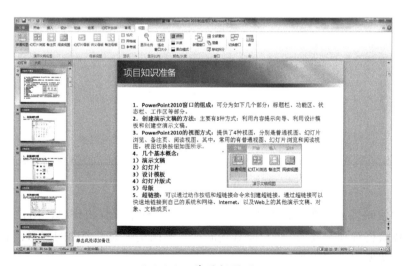

图 3.1.4 普通视图界面

幻灯片浏览视图：以缩略图的形式显示演示文稿中的所有幻灯片，可以对幻灯片顺序进行调整、对幻灯片动画进行设计、对幻灯片放映方式和幻灯片切换方式进行设置等，如图 3.1.5 所示。

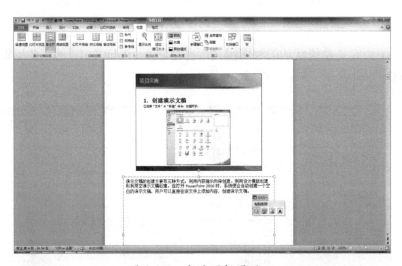

图 3.1.5　幻灯片浏览视图界面

备注页视图：用户可以在备注窗格中键入备注，但若要以整页格式查看和使用备注，则需在备注页视图中进行查看，如图 3.1.6 所示。

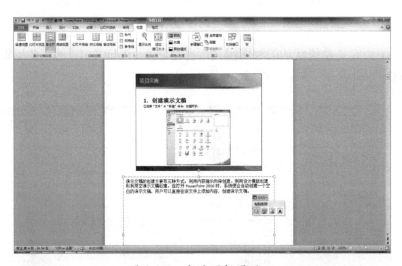

图 3.1.6　备注页视图界面

幻灯片放映视图：在此视图中，演示文稿占据整个计算机屏幕，用户看到的演示文稿就是观众将看到的效果，用户能看到演示文稿在实际演示当中的图形、计时、影片、动画效果、切换效果的状态。

3.1.4　基本概念

1. 演示文稿

PowerPoint 2010 制作的演示文稿是一个组合电子文件，由幻灯片、演示文稿大纲、讲义和备注 4 个部分构成。文件的默认扩展名为 .pptx。

2. 幻灯片

幻灯片是演示文稿的核心部分，它概括性地描述了演示文稿的内容。通常，每个演示文稿由若干张幻灯片组成。

3. 设计模板

模板是 PowerPoint 2010 根据常用的演示文稿类型归纳总结出来的具有不同风格的演示文稿样式文件，扩展名为 .potx。PowerPoint 2010 提供了两种模板：设计模板和内容模板。设计模板包含预定义的格式、背景设计、配色方案以及幻灯片母版和可选的标题母版等样式信息，可以应用到任意演示文稿中；内容模板除了包含上述样式信息外，还包括针对特定主题提供的建议内容文本。

4. 幻灯片版式

版式是指插入到幻灯片中的文本、表格、图表、媒体剪辑等对象在幻灯片上的布局方式。在"幻灯片版式"任务窗格中按文字版式、内容版式、文字和内容版式及其他版式列出各对象之间的排列关系。

5. 母版

母版是演示文稿中所有幻灯片或页面格式的底版，也可以说是样式。它包含了所有幻灯片具有的公共属性和布局信息。

3.1.5 创建演示文稿

1. 新建空白演示文稿

方法1：启动 PowerPoint 2010 时，即新建了一份空白的演示文稿，并在工作区建立了第一张版式为"标题幻灯片"的演示文稿。

方法2：打开 PowerPoint 2010，单击"文件"→"新建"命令，创建演示文稿。

方法3：单击快速访问工具栏中的图标 ，即新建了一份空白演示文稿。如没有这个图标，可按照第一章 Word 介绍的方法对该命令添加快捷方式。

2. 新建基于模版的演示文稿

PowerPoint 2010 设计了可借鉴的现成演示文稿，可以新建其中的某一种，再修改其中的内容、结构，也可以进行再设置，使它更符合自己的要求。

具体步骤如下：

（1）单击"文件"→"新建"菜单命令。

（2）界面中可看到"可用的模版和主题"，如图 3.1.7 所示。

（3）单击"样本模板"按钮，在现成的演示文稿列表中选择一种并单击"创建"按钮，这时 PowerPoint 2010 将打开基于该模板的演示文稿。后面的工作就是对其中的内容和设置进行修改。

图 3.1.7 中可以看出，我们能根据自己设计的模板、已经安装的主题和根据现有的

内容新建特色鲜明的演示文稿。

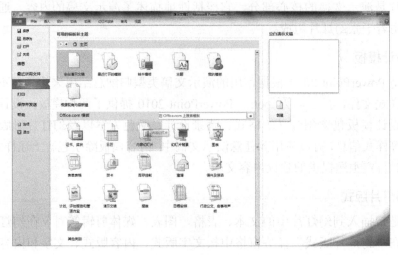

图 3.1.7 "新建演示文稿"窗口

3.1.6 幻灯片的基本操作

1. 创建新幻灯片

方法 1：按下【Ctrl+M】组合键，可在当前幻灯片下快速添加一张空白幻灯片。

方法 2：在幻灯片导航区内在需要插入单个幻灯片的位置下方单击则会出现一条横线，再按【Enter】键，则能自动添加一张与原来版式完全一样的幻灯片。

方法 3：幻灯片导航区内任一选项卡区域，在需要插入单个幻灯片的位置下方右键单击，在快速菜单栏中选择"新建幻灯片"，则能自动添加一张与原来版式完全一样的幻灯片。

方法 4：幻灯片导航区"幻灯片"或"大纲"选项卡区域中，在需要插入单个幻灯片的位置下方单击。然后选择"开始"→"幻灯片"→"新建幻灯片"，如图 3.1.8 所示，将出现一个库，显示了各种可用的幻灯片布局的缩略图。选中一个版式即在单击位置上添加了该版式的幻灯片。

> 🔊 注意
>
> （1）选择多张连续的幻灯片可单击第一张幻灯片，按住【Shift】键后选择最后一张幻灯片；选择多张不连续的幻灯片可按住【Ctrl】键后单击各张要选择的幻灯片。
>
> （2）如要保留复制幻灯片的原始设计，请单击"粘贴选项"中的"保留源格式"选项。

图 3.1.8　新建幻灯片库

2．复制幻灯片

在幻灯片导航区"幻灯片"选项卡内选择要复制的幻灯片（一个或多个），右键单击某张选定的幻灯片选择"复制"，再在目标演示文稿中找到复制幻灯片插入的位置并右键单击，选择"粘贴"。

3．幻灯片重新排序

在创建演示文稿时，可能需要更改幻灯片的顺序。首先，在幻灯片导航区"幻灯片"选项卡内单击要更改顺序的幻灯片缩略图，然后将其移动到新的位置即可。

4．删除幻灯片

首先，在幻灯片导航区"幻灯片"选项卡内选择要删除的幻灯片缩略图，然后使用以下几种方法可以删除幻灯片。

方法1：按下【Delete】键进行删除。

方法2：右键单击该幻灯片选择"删除"命令。

方法3：选择"开始"→"幻灯片"→"删除"命令。

3.1.7　文本的录入

1．占位符文本录入

在选择的幻灯片版式中，若有文本占位符，单击后就可直接录入文本内容。

2．文本框的录入

如果幻灯片中没有文本占位符，此时要添加文本内容则需要插入文本框后再录入

项目 3

文本内容，步骤如下：

（1）选择"插入"→"文本"→"文本框"命令，如图 3.1.9 所示。

（2）选择横排文本框或竖排文本框，然后在幻灯片中添加文本处点击并拖动鼠标，便能在该处出现所需文本框。

（3）单击文本框并录入文本即可。

图 3.1.9　插入文本框

3. 文本格式和段落编辑

PowerPoint 2010 中，文本格式和段落编辑与 Word 2010 中的操作方法基本相同，此处就不再赘述了。

3.1.8　对象的插入

为了增强文稿的可视性，强调幻灯片的内容，可采用向演示文稿中添加图片、剪贴画、组织结构图、艺术字、声音等对象。

在文档中插入对象的方式有两种：采用"插入"选项卡中的命令插入对象；用内容占位符直接插入对象。下面以剪贴画和图形对象为例，介绍基本对象的插入方法。

1. 采用插入命令插入剪贴画

在幻灯片区域中单击要插入剪贴画的位置，单击"插入"→"图像"→"剪贴画"命令，则会在界面右侧弹出"剪贴画"任务窗格，如图 3.1.10 所示。

在搜索栏中键入用于描述所需剪贴画的关键字或文件名，单击"搜索"按钮，即可找到 Office 剪贴画中所有与此相关的剪贴画。单击要插入的剪贴画，该剪贴画就会插入到当前光标所在的位置。

2. 采用插入命令插入来自文件的图片

PowerPoint 2010 不仅可以在演示文稿中插入系统自带的剪贴画，还可以从磁盘的其他位置中选择要插入的图形对象。步骤如下：

（1）在幻灯片区域中单击要插入剪贴画的位置。

（2）单击"插入"→"图像"→"图片"命令，则会在工作区内弹出"插入图片"对话框，如图 3.1.11 所示。

（3）在对话框中选择合适的文件夹，单击要插入的图形文件，该图形文件就会插入到当前光标所在的位置。

图 3.1.10　剪贴画窗格

图 3.1.11　插入来自文件的图片

3. 采用内容占位符直接插入对象

单击幻灯片窗格中占位符中的对象按钮，能在占位符中
插入相应的对象。占位符中的对象按钮如图 3.1.12 所示。插
入的图形 / 剪贴画能自动调整大小并在占位符边框中定位。

图 3.1.12
占位符中的对象插入按钮

4. 编辑图片／剪贴画

插入图片／剪贴画后，需要对图片进行大小调整或为图片／剪贴画添加特殊效果。

首先，在幻灯片上选择图片／剪贴画，功能区内将出现"图片工具—格式"选项卡。单击选项卡，并使用该选项卡上的命令来编辑和处理图片，如图 3.1.13 所示。用户可以更改图片的样式、设置图片的边框、调整图片的大小等等其他编辑操作。

图 3.1.13　"图片工具—格式"选项卡

5. 其他对象的插入

其他对象（如：表格、SmartArt 图形、组织结构图、自定义图片、音频文件和视频文件）也可以通过以上两种方式插入。

3.1.9　超链接的插入

在 PowerPoint 2010 中，可以通过动作按钮和超链接命令来创建超链接。超链接可以快速链接到自己的系统、网络以及 Web 上的其他演示文稿、对象、文档、页。对象链接后，只有更改源文件时，数据才会被更新。链接的数据存放在源文件中，目标文件至存放源文件的位置，并显示一个链接数据的标记。如果不希望文件过大，可以使用链接对象。

1. 超链接的创建

在"普通"视图中，选择要用作超链接的文本或对象，单击"插入"→"链接"→"超链接"。弹出一个"插入超链接"对话框，如图 3.1.14 所示。

图 3.1.14　"插入超链接"对话框

（1）创建连接到相同演示文稿中的幻灯片的超链接

单击"插入超链接"→"链接到"→"本文档中的位置"。执行下列操作之一：

❶ 链接到当前演示文稿中的自定义放映：在"请选中文档中的位置"下，单击要用作超链接目标的自定义放映，选中"显示并返回"复选框。

❷ 链接到当前演示文稿中的幻灯片：在"请选中文档中的位置"下，单击要用作超链接目标的幻灯片。

（2）创建链接到不同演示文稿中的幻灯片的超链接

单击"链接到"→"现有文件或网页"，找到包含要链接到的幻灯片的演示文稿，单击右方"书签"命令，然后单击要链接到的幻灯片的标题。

（3）创建链接到电子邮件地址的超链接

单击"链接到"→"电子邮件地址"，键入要链接到的电子邮件地址，或单击"最近用过的电子邮件地址"→"电子邮件地址"→"主题"，键入电子邮件的主题。

（4）创建链接到网站上的页面或文件的超链接

单击"链接到"→"原有文件或网页"→"浏览 Web" 🔍。找到并选择要链接到的页面或文件，然后单击"确定"按钮。

（5）创建到新文件的链接

单击"链接到"→"新建文档"，键入要创建并链接到的文件的名称。如果在不同的位置创建文档，请在"完整路径"→"更改"中，浏览到要创建文件的位置，然后单击"确定"按钮。在"何时编辑"下，单击相应的选项以确定是现在编辑文件还是在稍后编辑文件。

2. 更改超链接文本的颜色

支持超链接的文本下放会添加下划线并具有特殊的颜色。若需要更改超链接文本颜色，则需完成以下步骤：

选择要更改的超链接文本，完成以下设置后，单击"保存"。

单击"设计"→"主题"→"颜色"→"新建主题颜色"。在"新建主题颜色"对话框（如图 3.1.15 所示）中的"主题颜色"下，执行下列操作之一：

图 3.1.15　"新建主题颜色"对话框

（1）要更改超链接的颜色，可单击"超链接"，然后单击一种颜色。

（2）要更改已访问的超链接的颜色，可单击"已访问的超链接"，然后单击一种颜色。

3. 从文本或对象中删除超链接

如果想要删除已经创建的超链接，先选中要删除超链接的文本或对象，单击"插入"→"链接"→"超链接"→"删除链接"，如图 3.1.16 所示。

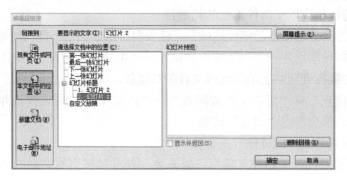

图 3.1.16　"编辑超链接"对话框

4. 动作按钮的创建

PowerPoint 2010 提供了一组动作按钮，包含了常见的形状，如图 3.1.17 所示，如"动作按钮-开始""动作按钮-结束""动作按钮-上一张"等。这些按钮都是预先定义好的，若需将动作按钮添加到演示文稿中，则通过单击"插入"→"插图"→"形状"按钮来创建，并通过右键菜单中"超链接"命令对动作按钮设置超链接。在放映幻灯片时，单击动作按钮，便可激活相链接的幻灯片、自定义放映的演示文稿或其他应用程序，如图 3.1.18 所示。

图 3.1.17　插入形状

图 3.1.18　动作设置

3.1.10　幻灯片的修饰

一个完整专业的演示文稿，有很多地方需要进行统一设置：如幻灯片中统一的内容、背景、配色和文字格式等。这些应统一对演示文稿的母版、模板或主题进行设置。

1.　主题的应用和设计

在 PowerPoint 2010 中，主题是一组格式选项，它包含一组主题颜色、一组主题字体（包括标题和正文文本字体）和一组主题效果（包括线条和填充效果）。

（1）将内置主题应用于幻灯片母版

通过应用主题，可以快速轻松地设置整个演示文稿的格式以使其具有一个专业且现代的外观。将主题应用于幻灯片母版后，该主题将同时应用于此幻灯片母版相关联的所有版式。其步骤如下：

单击"视图"→"演示文稿视图"→"幻灯片母版"→"主题"，然后选择一个主题，如图 3.1.19 所示。

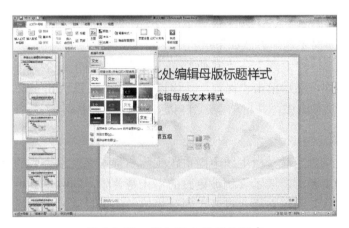

图 3.1.19　将主题应用到母版中

（2）自定义主题

PowerPoint 2010 提供了几种预定义的主题，用户也可以通过自定义现有主题并将其保存为自定义文档主题来创建自己的主题（.thmx）。

❶ 主题颜色

主题颜色包含四种文本和背景颜色，六种强调文字颜色，以及两种超链接颜色。更改主题颜色可选择"设计"→"主题"→"颜色"中的主题颜色，如需新建自定义主题颜色，则单击"新建主题颜色"命令，如图 3.1.20 所示。选定好要使用的颜色后，在"名称"框中为新主题颜色命名，并保存。

❷ 主题字体

主题字体包括标题字体和正文文本字体，单击"主题字体"按钮 ⅸ 字体 时，会在下拉菜单中看到 Office 系统默认的主题字体。用户可以更改主题字体或创建自定义的主题字体，可参照前面主题颜色的方法进行。

图 3.1.20　主题颜色

❸ 主题效果

主题效果是一组线条和一组填充效果。单击"主题效果"按钮 ◎效果 ，会在下拉菜单中看到 Office 系统默认的主题效果使用的线条和填充效果。用户可以更改主题效果，但不能创建自定义的主题效果。

❹ 保存主题

用户可将对主题颜色、主题字体、主题效果所做的更改保存为可应用与其他文档或演示文稿的自定义主题。方法如下：

单击"设计"→"主题"→"其他" ▼ →"保存当前主题"。在"文件名"框中录入该主题的名称，然后单击"保存"。该自定义主题会以".thmx"的文件格式保存在"文档主题"文件夹中，并自动添加到自定义主题列表中。

2. 背景样式

背景样式是来自当前文档主题中由主题颜色和背景亮度组合成的背景填充变体。当用户更改文档主题时，演示文稿被更改的不止是背景，同时也会更改主题颜色、标题和正文字体、线条和填充样式以及主题效果等。如果只更改演示文稿的背景，则应选择更改背景样式。

背景样式在"背景样式"库中显示为缩略图。用户将鼠标指针指向置于某个背景样式缩略图上时，可以实时预览背景样式对演示文稿的设置效果。当用户确认使用选定的背景样式时，则可以单击将该背景样式应用到演示文稿中。

向演示文稿添加背景样式的方法如下：

单击要向其添加背景样式的幻灯片，选定"设计"→"背景"→"背景样式"，如图 3.1.21 所示。

右键单击所需的背景样式，然后执行下列操作之一：

（1）要将背景应用于所选幻灯片，单击"应用于所选幻灯片"。

（2）要将背景样式应用于演示文稿中的所有幻灯片，单击"应用于所有幻灯片"。

若用户需要自行设置自定义的背景样式，则执行以下操作：

单击要向其添加背景样式的幻灯片，选择"设计"→"背景"→"背景样式"旁边的箭头，单击"设置背景格式"，然后选择所需的选项，如图 3.1.22 所示。

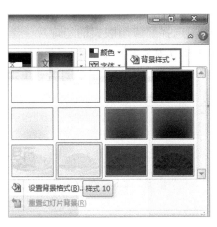

图 3.1.21　背景样式

图 3.1.22　自定义背景样式

3. 版式设计

版式是定义幻灯片上要显示内容的位置和格式设置信息，是幻灯片母版的组成部分（每个幻灯片母版包含一种或多种版式）。演示文稿的版式设计包括了设置幻灯片上标题和副标题文本、列表、图片、表格、图表、自选图形和视频等元素的排列方式。

PowerPoint 2010 提供了 11 种内置的标准版式，用户也可以创建自定义版式以满足特定的组织需求。如果找不到适合的标准版式，则可以添加自定义版式，即在演示文稿母版中指定占位符的数量、大小和位置，以及背景内容、还可以选择幻灯片和占位符的级别属性。在自定义版式中，用户还能将自定义版式作为模板的一部分进行分发，不必为将版式剪切并粘贴到新的幻灯片而浪费宝贵的时间。

（1）添加自定义版式的方法

在"视图"选项卡上的"演示文稿视图"组中，选择"幻灯片母版"，进入幻灯片母版视图。在包含幻灯片母版和版式的左侧窗格中，单击幻灯片母版下方要添加新版式的位置。然后单击"幻灯片母版"选项卡上"编辑母版"组中的"插入版式"，即能对自定义版式进行设置，如图 3.1.23 所示。

图 3.1.23　插入版式

用户在对演示文稿的版式进行设计时可能需要执行下面的一项或多项操作：

若要删除不需要的默认占位符，可选定后按【Delete】键。

若要添加占位符，单击"幻灯片母版"→"母版版式"→"插入占位符"。

若要绘制占位符，将鼠标定位于需要添加占位符的位置处，单击并拖动鼠标即能绘制占位符。

若要调整占位符的大小，请拖动其角部的边框。

（2）应用版式的方法

 方法1：在幻灯片导航区"幻灯片"选项卡中，选择要应用版式的幻灯片。然后右键单击该幻灯片，在快速菜单中选择"版式"，再单击确认某一种版式应用于该幻灯片中。

方法2：在幻灯片导航区"幻灯片"选项卡中，选择要应用版式的幻灯片。单击"开始"→"幻灯片"→"版式"中的某种版式应用于该幻灯片中。

> 📢 注意
>
> 若需添加并自定义的版式单击"开始"→"普通"→"幻灯片"，可在标准的内置版式的列表中进行设置。

4．母版设计

在 PowerPoint 2010 设计中，除了每张幻灯片的制作外，最核心、最重要的就是母版的设计，因为它决定了演示文稿的一致风格和统一内容，甚至还是创建演示文稿模板和自定义主题的前提。

（1）幻灯片母版

幻灯片母版是幻灯片层次结构中的项级幻灯片，它存储有关演示文稿的主题和幻灯片版式的所有信息，包括背景、颜色、字体、效果、占位符大小和位置。许多演示文稿中包含不止一个幻灯片母版，因此用户可能必须进行滚动才能找到所需的幻灯片母版。

（2）更改幻灯片母版设计

修改和使用幻灯片母版的主要好处是，可以对演示文稿中的每张幻灯片进行统一的样式更改，包括对以后添加到演示文稿中的幻灯片的样式更改。修改的具体步骤如下：

首先，单击"视图"→"母版视图"→"幻灯片母版"，进入母版视图，并出现"幻灯片母版"选项卡，如图 3.1.24 所示。

图 3.1.24　"幻灯片母版"选项卡

在包含幻灯片母版和版式的左侧窗格中，单击幻灯片母版下方要添加新母版的位置便可更改幻灯片的母版设置了。用户可以进行以下操作：

删除母版内置幻灯片版式：要删除默认幻灯片母版附带的任何内置幻灯片版式，右键选定不想使用的幻灯片版式，单击"删除版式"。

删除不需要的默认占位符：选定包含占位符的幻灯片版式，在演示文稿窗口中选定占位符后按【Delete】键。

添加文本占位符：选定包含占位符的幻灯片版式，单击"幻灯片母版"→"母版版式"→"插入占位符"→"文本"，选定幻灯片母版上的某一位置，然后按住鼠标左键通过拖动来绘制占位符。

5. 模板设计

母版设置完成后只能在一个演示文稿中应用，如果想将来再使用该格式，就应把母版设置保存成演示文稿模板。模板文件记录了用户对幻灯片母版、版式和主题组合所做的任何自定义修改。用户能以模板为基础，重复创建相似的演示文稿，将模板存储的设计信息应用于演示文稿，从而将所有幻灯片上的内容设置成一致的格式。演示文稿设计模板的格式为 .potx。创建模板的方法是：创建一个或多个母版，添加版式，然后应用主题。

（1）创建模板

单击"文件"→"另存为"，在"文件名"框中，键入文件名，或不作更改而接受建议的文件名，单击"保存类型"→"PowerPoint 模板"→"保存"。

（2）向新演示文稿应用模板

在 PowerPoint 2010 中，可以应用 PowerPoint 的内置模板、其他演示文稿中的模板、用户创建并保存到计算机中的模板和从 Microsoft Office Online 或其他第三方网站下载的模板。模板的应用同前面介绍的基于模板创建新的演示文稿方法一致。

【任务实施】

在本任务中，演示文稿的封面为"美丽的西藏欢迎您！"，文字采用艺术字形式插入，背景图片设置为西藏风景图片。第 2 张幻灯片添加几个副标题，并引入超链接来链接后面几张详细介绍西藏景致的幻灯片。

注意演示文稿制作的几个基本步骤：

● 准备素材：主要是准备延时文稿中所需要的图片、文字、影片等文件素材。
● 确定方案：对演示文稿的整个架构进行设计。
● 母板设置：在母板中确定整个演示文稿的风格。
● 制作：将文本、图片等对象输入或者插入相应的幻灯片中。

1. 创建演示文稿

（1）选择"文件"→"新建"→"可用的模版和主题"，如图 3.1.25 所示。

（2）单击"主题"→"流畅"→"创建"按钮，将该模板应用于新建的演示文稿中。如图 3.1.26 所示。

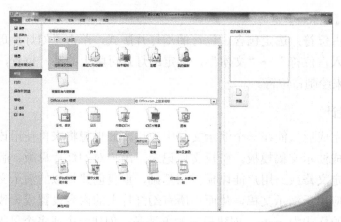

图 3.1.25　新建菜单命令

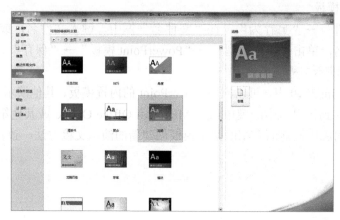

图 3.1.26　选择模板

> **注意**
>
> 　若没有合适的模板,用户可以通过选择"设计"→"主题"→"浏览主题"命令。在"选择主题或主题文档"对话框内选取自己制作的或网上下载的演示文稿模板文件。

2. 保存演示文稿

在演示文稿的编辑过程中,要养成随时存盘的好习惯,以防数据丢失。

选择"文件"→"保存"命令,或者单击快速访问工具栏中的"保存"按钮 即可进行存盘。若是第一次对编辑的文档进行存盘,则将出现图 3.1.27 所示的"另存为"对话框。

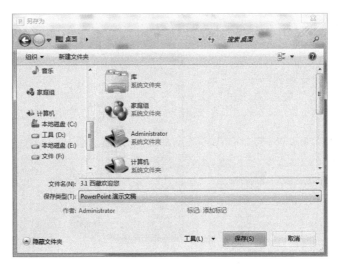

图 3.1.27　"另存为"对话框

3. 幻灯片母版设计

在演示文稿中设计一个相同的部分：一组动作按钮 🏠◀▶ 。用户可以通过对幻灯片母版中的版式进行设计，以减少重复的操作。具体操作如下：

（1）单击"视图"→"母版视图"→"幻灯片母版"，进入母版视图。在母版视图左侧选择"幻灯片母版"，如图 3.1.28 所示。

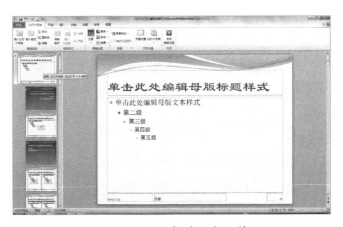

图 3.1.28　幻灯片母版设计

（2）在幻灯片母版下插入"动作按钮"。单击"插入"→"形状"→"动作按钮：第一张" 🖼。当鼠标变成"十"字形状时，在幻灯片的右下角拖动鼠标，绘制一个大小适中的按钮。在"动作设置"对话框中选择"超链接到"→"幻灯片"选项，设置为"第一张幻灯片"，单击"确定"，如图 3.1.29 所示。

（3）图形格式设置。右击"动作按钮：第一张"按钮 🖼，单击"设置图片格式"，弹出"设置图片格式"对话框→"填充"→"图片或纹理填充"→"纹理"下拉按钮，弹出的下拉面板如图 3.1.30 所示。在"纹理"的下拉面板中选择"花束"选项，然后依次单击"确定"。

图 3.1.29　"动作设置"对话框

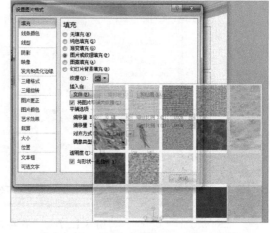

图 3.1.30　设置动作按钮的图片格式

重复以上的操作，创建一个"动作按钮：后退或前一项"按钮 ◁ 和"动作按钮：前进或下一项"按钮 ▷，并分别设置两个动作按钮的超链接为"链接到上一张图片"和"链接到下一张图片"。

将三个动作按钮的大小和位置调整到幻灯片母版的右下角，完成后效果如图 3.1.31 所示。

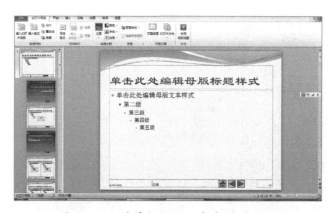

图 3.1.31　动作按钮设置完成的效果图

单击"视图"→"演示文稿视图"→"普通视图"按钮，或关闭母版视图，返回普通视图。此时幻灯片的右下角自动添加了一组刚刚在母版中设计创建的动作按钮。

> 🔊 注意
>
> 　　若需要隐藏母版设置，可在幻灯片空白区域右键单击，单击"设置背景格式"→"填充"，勾选复选框选项"隐藏背景图形"即可。

4. 幻灯片内容制作

（1）设计第 1 张幻灯片

选择幻灯片版式。在第 1 张幻灯片上，单击"开始"选项卡"幻灯片"组中的"版式"按钮，在下拉菜单中选择"空白"版式，如图 3.1.32 所示。

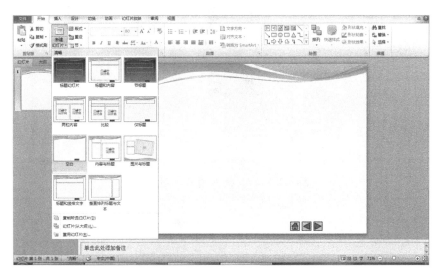

图 3.1.32　选择"空白"版式

单击"设计"选项卡"背景"组的对话框启动器，弹出"设置背景格式"对话框，如图 3.1.33 所示。

图 3.1.33　"设置背景格式"对话框

选择"填充"→"图片或纹理填充"→"插入自"→"文件"按钮，弹出"插入图片"对话框，在指定位置找到文件名为"1 标题"的图片，单击"插入"命令按钮，将其作为背景插入第 1 张幻灯片，如图 3.1.34 所示。

插入艺术字。选择"插入"→"文本"→"艺术字"中第 6 行第 2 列的"填充—酸橙色"艺术字样式，如图 3.1.35 所示。

图 3.1.34　"插入图片"对话框

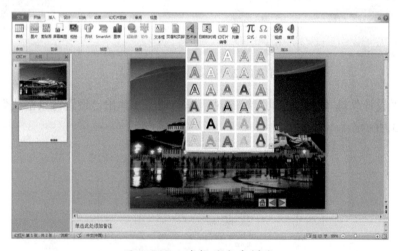

图 3.1.35　选择艺术字样式

在幻灯片中出现的艺术字文本框中录入"西藏欢迎您！"，并选择合适的字体、字号、轮廓颜色、位置等，效果如图 3.1.36 所示。

（2）设计第 2 张幻灯片

插入新幻灯片。单击"开始"→"幻灯片"→"新建幻灯片"，或直接按组合键【Ctrl+M】。将此幻灯片的版式设置为"节标题"版式，如图 3.1.37 所示。

在"单击此处添加标题"占位符中录入文本"西藏风景介绍"，并设置好格式。然后单击下方"单击此处添加文本"，输入相应文本，并将两个文本框调整到合适的位置。第 2 张幻灯片效果如图 3.1.38 所示。

图 3.1.36 第 1 张幻灯片效果图

图 3.1.37 "节标题"版式

图 3.1.38 第 2 张幻灯片效果图

（3）设计第 3 张幻灯片

采用前面的方法新建一张幻灯片，选择"标题和内容"版式，输入文本，设置好文本格式的效果，如图 3.1.39 所示。

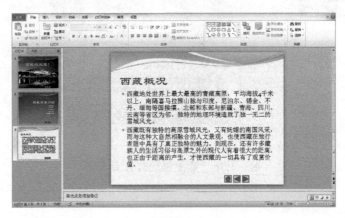

图 3.1.39　第 3 张幻灯片效果图

（4）设计第 4 张幻灯片

新建一张幻灯片，仍采用"标题和内容"版式，录入如图 3.1.40 所示的文本。然后设置好格式，并调整好幻灯片。

图 3.1.40　输入文本后的第 4 张幻灯片

插入图片。单击"插入"→"图像"→"图片"按钮，在"图片"对话框中选择合适的图片，单击"插入"按钮，将图片插入到幻灯片中，如图 3.1.41 所示。

调整图片的大小和位置。采用相同的方法插入余下的图片，完成第 4 张幻灯片。效果如图 3.1.42 所示。

（5）设计第 5 张幻灯片

新建一张幻灯片，选择"内容与标题"版式，如图 3.1.43 所示。

图 3.1.41　选择图片

图 3.1.42　第 4 张幻灯片效果图

图 3.1.43　第 5 张幻灯片选择"内容和标题"版式

　　在第 5 张幻灯片的上方和左方的文本框中输入相应的标题和内容，并设置好格式。然后单击右方的"插入来自文件的图片"按钮，在出现的"插入图片"对话框中选择合适的图片文件。效果如图 3.1.44 所示。

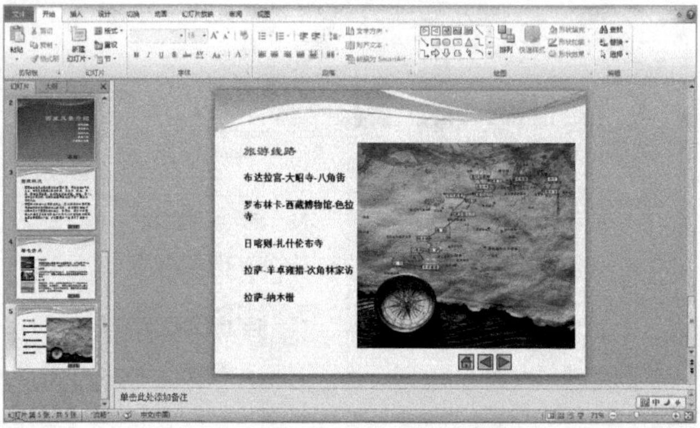

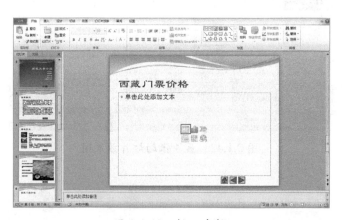

图 3.1.44　第 5 张幻灯片效果图

（6）设计第 6 张幻灯片

新建一张幻灯片，选择"标题和内容"版式，在"单击此处添加标题"占位符中录入"西藏门票价格"作为标题。在"单击此处添加文本"占位符中单击"插入表格"按钮，如图 3.1.45 所示。

图 3.1.45　插入表格

设置相应的行列数，并在相应的单元格中录入数据。表格样式选择"中度样式 - 强调 3"，调整好表格的位置和其他设置。

第 6 张幻灯片效果如图 3.1.46 所示。

（7）设计第 7 张幻灯片

新建一张幻灯片，选择"仅标题"版式。在"单击此处添加标题"占位符内录入文本"风景图片欣赏"。单击"插入"→"图像"→"图片"按钮，依次插入 8 张图片，并调整图片的大小、排列和位置，效果如图 3.1.47 所示。

5. 超链接设置

为第 2 张幻灯片中各副标题文本建立与之对应的超链接，使演示文稿的放映更加直观、方便。步骤如下：

（1）将光标定位到第 2 张幻灯片，选中"西藏概况"文本。

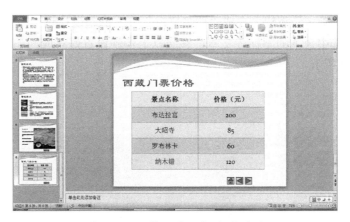

图 3.1.46　第 6 张幻灯片效果图

图 3.1.47　第 7 张幻灯片效果图

（2）单击鼠标右键，选择"超链接"命令，或单击"插入"→"链接"→"超链接命令"，打开"插入超链接"对话框，选择"链接到："→"本文档中的位置"→"请选择文档中的位置："→"西藏概况"选项，如图 3.1.48 所示。

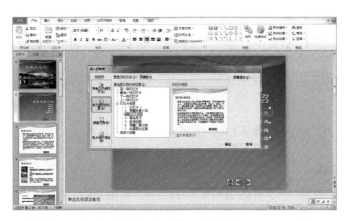

图 3.1.48　插入超链接

（3）单击"确定"按钮，完成"西藏概况"文本的超链接设置。

（4）分别选中余下的副标题文本，参照以上步骤设置好对应的超链接。完成后的效果如图 3.1.49 所示。

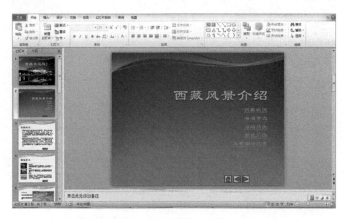

图 3.1.49　超链接完成的效果图

6. 动画效果

PowerPoint 2010 的动画设置可以分为两种：幻灯片间切换动画设置和幻灯片内的动画设置。在这里，利用 PowerPoint 2010 的动画方案功能，可以将一组预定义的幻灯片切换效果应用于幻灯片中，具体操作步骤如下：

单击"切换"→"切换到此幻灯片"→"蜂巢"，如图 3.1.50 所示。然后单击"全部应用"按钮，使"蜂巢"切换效果应用到每一张幻灯片中。

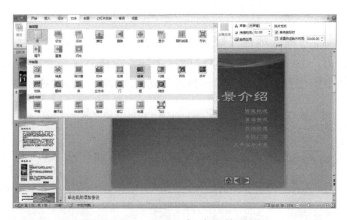

图 3.1.50　设置幻灯片切换效果

7. 幻灯片放映

单击"幻灯片放映"→"开始放映幻灯片"→"从头开始"按钮，或者按功能键【F5】便可查看演示文稿的播放效果。使用此方法播放演示文稿，不管光标停在哪张幻灯片上，演示文稿都将从第 1 张幻灯片开始播放。若要从光标所在的幻灯片开始播放，则可单击"幻灯片放映"→"开始放映幻灯片"→"从当前幻灯片开始"按钮，或者直接单击 PowerPoint 2010 界面中状态栏右侧的"幻灯片放映"按钮 🖳。用户还可以在"幻灯片放映"选项卡中进行其他的放映设置。

在放映演示文稿的过程中，用户可单击鼠标右键，利用快捷菜单中的命令实现对幻灯片的切换、定位和标记。

播放完所有的幻灯片后，PowerPoint 2010 会自动回到主界面普通视图中。如要在播放中途结束放映，可以按【Esc】键退出放映，或者在放映的幻灯片上任意位置单击鼠标右键，选择"结束放映"命令。

8. 打印演示文稿

完成演示文稿的编辑后，可以将幻灯片打印出来。在打印前，需要对页面和打印参数进行设置。

设置打印参数的步骤如下：

单击"文件"→"打印"，在弹出的打印设置区域中可以根据打印的需求来设置幻灯片的大小、纸张的宽度和高度、打印方向、份数等参数，如图 3.1.51 所示。

设置完成后，则可单击"打印"按钮，来完成打印操作。

图 3.1.51　演示文稿的打印参数设置

🔍【能力拓展】

1. 创建演示文稿，分别以默认演示文稿模式和兼容模式，以自己的姓名为文件名保存在指定文件夹中。要求如下：

（1）以"牡丹"为主题，制作 3 张以上的幻灯片；

（2）为所有幻灯片应用"华丽"主题；

（3）每张幻灯片均要求插入剪贴画或图片，且与主题吻合；

（4）图文并茂，将所有幻灯片的切换效果设计为"推进"。

2. 分别以默认演示文稿模式和兼容模式，创建"我的校园"为主题的演示文稿。以校园名称作为文件名保存在指定文件夹中。要求如下：

（1）围绕主题制作 3 张以上的幻灯片；

（2）使用模版创建该演示文稿；

（3）每张幻灯片均要求插入剪贴画或图片，且与主题吻合；

（4）图文并茂，不能只用文字或只用图片。

演示文稿动画设置与播放——新年贺信

图片、声音、视频和动画是丰富演示文稿内涵的重要组成元素。PowerPoint 2010 的插入图片、影片和声音以及自定义动画、幻灯片切换等功能将帮助用户创建图文并茂、声形兼备的演示文稿。

【任务描述】

在新年来临之际，某公司的职员小张设计了一个以新年为主题的幻灯片，传达祝福之意，并将它作为新年贺信送给他的好友和客户。

幻灯片效果如图 3.2.1 所示。

图 3.2.1　新年贺信的效果图

【相关知识】

3.2.1　幻灯片的动画设置

在 PowerPoint 2010 中，用户能对演示文稿中各幻灯片中的对象元素设置动画效果，来丰富演示文稿的播放效果。动画是演示文稿的精华，是将文本或其他对象添加特殊视觉或声音效果。将声音、超链接、文本、图形、图示、图表等对象制作成动画，可以突出重点，控制信息流，还可以平添演示文稿的趣味性。例如，用户可以使文本项目符号点逐字从左侧飞入，或在显示图片时播放掌声等。

PowerPoint 2010 为演示文稿设计了 4 组动画效果，包括：进入、强调、退出和动作路径。各组动画效果的具体作用如下：

● "进入"动画效果组用于设置各元素进入幻灯片时的动画效果；
● "强调"动画效果组用于设置已经出现在幻灯片中的元素的强调或突出的动画效果；
● "退出"动画效果组用于设置各元素退出或离开幻灯片时的动画效果；
● "动作路径"动画效果组则用于设置各元素在幻灯片中的活动路线，用户也可自定义动作路径来让对象的运动路径更加多样化，以满足特殊的动画路径要求。

在 PowerPoint 2010 中，用户可以为一个对象添加多个动画效果。在设置对象的动画效果前，用户需单击"动画"→"高级动画"→"动画窗格"按钮，来打开动画窗格界面。在动画窗格界面中，用户可以查看已设置的动画效果列表；单击动画窗格上方的"播放"按钮，能播放当前幻灯片设置的动画效果；单击每个动画效果的下拉按钮，能进一步对动画方向、播放时的声音、动画播放后动作等进行设置；动画窗格下方的"时间轴"用来查看对象的动画效果的播放时间；用户还能通过动画窗格下方的"重新排序"按钮及其两侧的上下箭头按钮 ⬆ 重新排序 ⬇ 来调整已设置的动画效果的先后顺序，如图 3.2.2 所示。

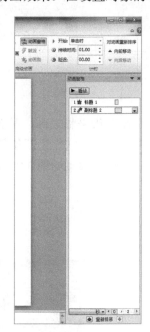

1. 为文本或对象应用标准动画效果

首先，选中要设置动画的文本或其他对象，选择"动画"选项卡→"动画"组，单击下拉按钮在列表中选择所需的动画效果，如图 3.2.3 所示。点击下拉菜单后可查看部分标准动画效果，用户还可以在菜单下方单击"更多进入效果""更多强调效果""更多退出效果""其他动作路径"来设置对象的动画效果，如图 3.2.4 所示。

图 3.2.2 动画窗格

图 3.2.3 动画效果设置

2. 自定义动画效果并将其应用于文本或对象

若用户要为对象设置自定义动画效果，则进行以下的步骤：

选中要制作成动画的文本或其他对象，单击"动画"→"高级动画"→"添加动画"，如图 3.2.5 所示。

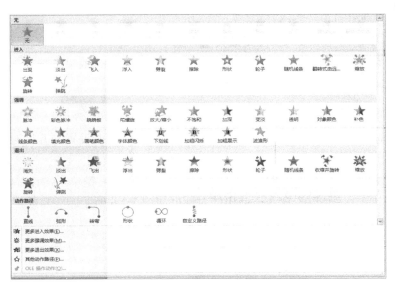

图 3.2.4　标准动画下拉菜单显示动画列表

图 3.2.5　"添加动画"下拉列表

　　然后可执行以下一项或多项操作：

　　（1）要使文本或对象进入时带有效果，可选择"进入"，然后单击相应的效果。

　　（2）要向幻灯片上已显示的文本或对象添加效果（例如，旋转效果），可选择"强调"，然后单击相应的效果。

　　（3）要向文本或对象添加可使项目在某一点离开幻灯片的效果，可选择"退出"，然后单击相应的效果。

　　（4）要添加使文本或对象以指定模式移入的效果，可选择"动作路径"，然后单击相应的路径或者自己绘制路径。

（5）要指定向文本或对象应用效果的方式，可右键单击"动画窗格"列表中的自定义动画效果，然后单击"动画"选项卡→"动画"组→"效果选项"，或右键单击该自定义动画效果，在快速菜单中选择"效果选项"命令。

3．动画效果的计时

多种计时选项有助于确保动画播放平顺自然。用户可以设置与开始时间（包括延迟）、速度、持续时间、循环（重复）和自动快退相关的选项。

单击要设置动画的文本或对象，在"动画窗格"列表中，右键单击需计时的动画效果，在快速菜单中单击"计时"命令，弹出的对话框如图 3.2.6 所示。

图 3.2.6　"上浮"对话框

然后执行以下操作完成该动画效果"计时"选项卡中的设置：

（1）设置开始时间选项

若要在单击幻灯片时开始动画效果，可从下拉菜单中选择"单击时"。

若要在列表中的上一个效果开始时开始该动画效果（即一次单击执行两个动画效果），可从下拉菜单中选择"与上一动画同时"。

若要在列表中的上一个效果完成播放后直接开始该动画效果（即无需再次单击便可开始下一个动画效果），可从快捷菜单中选择"上一动画之后"。如果这是幻灯片上的第一个动画效果，则将标记为"0"，并在演示文稿中显示该幻灯片时立即开始播放。

（2）设置延迟或其他计时选项

若要在一个动画效果结束和新动画效果开始之间创建延迟，可在"延迟"框中输入要延迟的秒数。

（3）设置动画效果的播放速度

若要设置新动画效果的播放速度，可在"速度"下拉菜单中选择相应的选项。

（4）设置是否重复播放动画效果

若要重复播放某个动画效果，可在"重复"下拉菜单中选择相应的选项。

（5）设置是否恢复对象的最初效果

若要使某个动画效果在播完后自动返回到其最初的外观和位置，可选中"播完后快退"复选框。例如，在飞旋退出效果播完后，该项目将重新显示在它在幻灯片上的最初位置上。

（6）设置动画效果启动的触发器

若要使某个对象在某一个动作之后开始播放它的动画效果，单击"触发器"按钮，对动画效果的触发进行设置。

4. 为动画添加声音

为了使演示文稿播放时更加活泼、生动，用户还可以在幻灯片中插入影片和声音。在为某个文本或对象的动画效果添加声音之前，必须已经向该文本或对象添加了动画效果。

单击包含您要为其添加声音的动画效果的幻灯片，单击"动画"→"高级动画"→"动画窗格"。然后再单击"动画窗格"列表中动画效果右边的箭头，然后在快速菜单中单击"效果选项"命令，弹出的对话框如图 3.2.7 所示。

图 3.2.7 "上浮"对话框

然后执行以下操作完成该动画效果"效果"选项卡中的设置：

若要从列表中添加声音，可单击"声音"下拉菜单中的选项，单击右方的喇叭按钮可以试听该声音效果。若要从文件中添加声音，则单击"其他声音"，然后找到想要使用的声音文件，单击"确定"。

5. 删除动画效果

单击包含要删除的动画的文本或对象，选择"动画"选项卡→"动画"组，在"动画"列表中选择"无动画"。

3.2.2 加入声音效果和影片

单击"插入"→"媒体"→"音频"按钮，在打开的对话框中找到声音文件保存的位置，然后选中它并单击"插入"按钮。这时，系统将询问用户"是否需要在幻灯片放映时自动播放声音"，单击"是"按钮进行确认，则插入的声音在幻灯片放映时会自动播放。若想在幻灯片放映前先试听一下，则双击小喇叭图标。

用户也可以将声音加入到文稿当中。插入的声音可以是 Office 2010 剪辑库中提供的文件，也可以是用户自己创建的声音文件，只要是 PowerPoint 支持的音频格式就能成功加入到演示文稿当中。

插入影片和插入声音的操作非常相似。单击"插入"→"媒体"→"视频"按钮，在"插入视频文件"对话框中选定一个影片，再单击"确定"按钮即可。

3.2.3 幻灯片切换方法

幻灯片切换效果是在"幻灯片放映"视图中从一个幻灯片移到下一个幻灯片时出现的类似动画的效果。可以控制每个幻灯片切换效果的速度，还可以添加声音。

1. 向演示文稿中的幻灯片添加相同的幻灯片切换效果

在工作区左方的幻灯片导航区窗格中单击某个幻灯片缩略图。

选择"切换"→"切换到此幻灯片"，单击一个幻灯片切换效果。若要查看更多切换效果，可在"快速样式"列表中单击"其他"按钮 ⷀ，如图 3.2.8 所示。

图 3.2.8 "切换到此幻灯片"组

若要设置幻灯片切换速度，可在"计时"组中，在"持续时间"文本框中输入所需的速度，再单击"全部应用"。

2. 向演示文稿中的幻灯片添加不同的幻灯片切换效果

在工作区左方的幻灯片导航区中，单击"幻灯片"选项卡，然后在"开始"选项卡上，单击某个幻灯片缩略图（多个幻灯片同时选定可按住【Ctrl】键选定）。在"切换"选项卡上"切换到此幻灯片"组中，单击要用于该幻灯片的幻灯片切换效果。设置幻灯片切换样式、切换速度的方法与前面介绍的一样。不同的是，用户无需单击"全部应用"命令，而对每张幻灯片做同样的操作。

3. 向幻灯片切换效果添加声音

在工作区左方的幻灯片导航区窗格中，单击某个幻灯片缩略图（可按住【Ctrl】键同时选定多个幻灯片）。单击"切换"→"计时"→"声音"，然后选择相应的声音效果。若要添加列表中的声音，单击选择所需的声音。若要添加列表中没有的声音，则选择"其他声音"，找到要添加的声音文件，然后单击"确定"。

4. 更改演示文稿中的幻灯片切换效果

单击某个幻灯片缩略图（可按住【Ctrl】键同时选定多个幻灯片）。选择"切换"→"切换到此幻灯片"，单击另一个幻灯片切换效果。

要在"快速样式"列表中查看更多切换效果，可单击"其他"按钮 ▾。

要重新设置幻灯片切换速度，可在"计时"组中的"持续时间"文本框中输入所需的速度。在"计时"组中，若单击"全部应用"，则更改所有幻灯片的切换效果，否则只更改选中幻灯片的切换效果。

5. 从演示文稿中删除幻灯片切换效果

选择"切换"→"切换到此幻灯片"→"无切换效果"。若再单击"计时"→"全部应用"命令，则删除所有幻灯片的切换效果，否则只删除当前幻灯片的切换效果。

3.2.4 对演示文稿的播放进行排练和计时

在 PowerPoint 2010 中可以排练演示文稿，以确保它满足特定的时间框架。进行排练时，可使用幻灯片计时功能记录演示每个幻灯片所需的时间，然后在向观众实际演示时使用记录的时间自动播放幻灯片。并且在创建自运行演示文稿时，幻灯片计时功能是一个理想的选择。

1. 对演示文稿的播放进行排练和计时

单击"幻灯片放映"→"设置"→"排练计时"。此时将显示"录制"工具栏，并且"幻灯片放映时间"框开始对演示文稿计时，如图 3.2.9 所示。

在以上的步骤之后，用户需立即做好对演示文稿进行演示的准备。

对演示文稿计时排练时，可在"录制"工具栏上可以执行以下一项或多项操作：

（1）要移动到下一张幻灯片，则单击"下一项" ➡。

（2）要临时停止记录时间，则单击"暂停" ⅠⅠ。

（3）要在暂停后重新开始记录时间，则单击"暂停" ⅠⅠ。

（4）要重新开始记录当前幻灯片的时间，则单击"重复" ↺。

设置了最后一张幻灯片的时间后，将出现一个消息框，如图 3.2.10 所示。其中显示演示文稿的总时间并提示用户：若要保存记录的幻灯片计时，单击"是"；要放弃记录的幻灯片计时，则单击"否"。

图 3.2.9　录制工具栏

图 3.2.10　幻灯片计时排练消息框

此时将打开"幻灯片浏览"视图，并显示演示文稿中每张幻灯片的时间。

2. 在进行演示前关闭记录的幻灯片计时

如果不希望通过使用记录的幻灯片计时来自动演示演示文稿中的幻灯片，则选择

"幻灯片放映"→"设置"，清除"使用计时"复选框。如果要再次打开幻灯片计时，勾选"使用计时"复选框。

3.2.5 设置放映方式

单击"幻灯片放映"→"设置"→"设置幻灯片放映"，在"设置放映方式"对话框中可以设置放映类型、幻灯片范围、换片方式等。如图 3.2.11 所示。

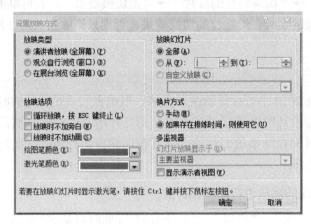

图 3.2.11 "设置放映方式"对话框

1．放映类型

（1）演讲者放映（全屏放映）：这是常规的全屏幻灯片放映方式，可以通过人工控制放映幻灯片和动画。用户可通过"幻灯片放映"选项卡"设置"组中的"排练计时"按钮来设置时间。

（2）观众自行浏览（窗口放映）：在标准窗口中观看放映，包含自定义菜单和命令，便于观众自行浏览演示文稿。

（3）展台浏览（全屏幕）：自动全屏放映，若 5 分钟没有用户指令，则重新开始。观众可以更换幻灯片，也可以单击超链接和动作按钮，但不能更换演示文稿。若用户选择此选项，PowerPoint 2010 将自动选择"循环放映，按【Esc】键终止"命令。

2．放映选项

（1）循环放映，按【Esc】键终止：循环放映幻灯片，按下【Esc】键可终止幻灯片放映。如果选择"在展台浏览（全屏幕）"复选框，则只能放映当前幻灯片。

（2）放映时不加旁白：观看放映时，不播放任何声音旁白。

放映时不加动画：显示幻灯片时不带动画。如，飞入的对象直接出现在最后的位置。

3．放映幻灯片

（1）全部：播放所有幻灯片。选定此单选按钮，演示文稿从当前幻灯片开始放映。

（2）从…到…：用户在"从"和"到"数值框中录入数值范围，在幻灯片放映时，只播放该录入顺序号范围内的幻灯片。

（3）自定义放映：运行在列表中选定的自定义放映。

4．换片方式：

（1）手动：放映幻灯片的切换条件是单击鼠标，或每隔数秒自动播放，或单击鼠标右键，或选择快捷菜单中的"前一张""下一张"或"定位至幻灯片"命令。在此方式下，PowerPoint 2010 会忽略默认的排练时间，但不会删除。

（2）如果存在排练时间，则使用它：该方式是使用预设的排练时间自动放映，若演示文稿没有预设的排练时间，则仍需人工手动切换幻灯片。

5．绘图笔颜色

为放映时添加的标注选择颜色。在放映时，用户可以右击鼠标选择"指针选项"命令，可选择绘图笔的笔形及颜色，在幻灯片放映过程中添加注释。注释完毕后，可按【Esc】键退出注释操作，鼠标指针恢复到正常的形状。若要删除注释，可在快捷菜单中选择"指针选项"中的"橡皮擦"命令或"擦除幻灯片上的所有墨迹"命令。

3.2.6 压缩演示文稿的方法

当演示文稿中包含大量的图片时，其移动和演示起来都非常不方便，为了便于操作，可以在保存时进行压缩。具体步骤如下：

打开需要压缩的演示文稿，单击"文件"→"另存为"，弹出一个"另存为"对话框，如图 3.2.12 所示。

图 3.2.12　"另存为"对话框

单击"另存为"→"工具"按钮的下拉箭头，在随后弹出菜单选择"压缩图片"选项，打开"压缩图片"对话框，如图 3.2.13 所示，在其中进行相应的设置即可。

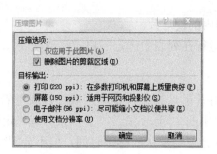

图 3.2.13 "压缩图片"对话框

3.2.7 幻灯片的发布和打包方法

1. 打包幻灯片

为了演示方便，在没有装 PowerPoint 的计算机上也能播放，可以将 PowerPoint 2010 演示文稿发布到 CD、网络或计算机的本地磁盘驱动器上，它会复制 Microsoft Office PowerPoint Viewer 2010 以及所有链接的文件（如影片或声音）。具体打包步骤如下：

（1）打开要复制的演示文稿；如果正在处理尚未保存的新演示文稿，先保存该演示文稿。若要将演示文稿复制到网络或计算机上的本地磁盘驱动器，请转至第（3）步。如果要将演示文稿复制到 CD，则在 CD 驱动器中插入 CD。

（2）在"文件"选项卡上，指向"保存并发送"旁边的箭头，然后单击"将演示文稿打包成 CD"菜单选项，如图 3.2.14 所示。

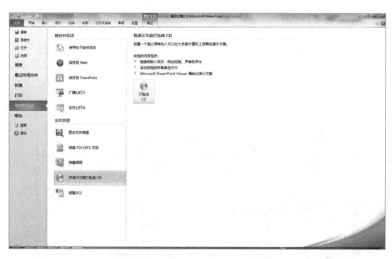

图 3.2.14 保存并发送菜单

（3）单击"打包成 CD"按钮，将弹出如图 3.2.15 所示的对话框，"将 CD 命名为"文本框中，键入要将演示文稿复制到其中的 CD 或文件夹的名称。

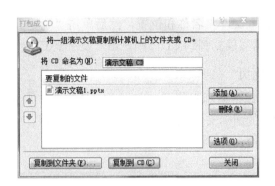

图 3.2.15 "打包成 CD"对话框

（4）要选择您想复制的演示文稿及其播放顺序，执行下列操作：

要添加演示文稿，单击"添加"按钮，选择要添加的演示文稿，然后单击"添加"。为每个要添加的演示文稿重复此步骤。

如果添加了多个演示文稿，则会按"要复制的文件"列表中的列出顺序播放这些演示文稿。要更改顺序，请选择一个要移动的演示文稿，然后单击箭头按钮 或 ，在列表中上下移动该演示文稿到需要的位置。

要从"要复制的文件"列表中删除演示文稿或文件，请选择该演示文稿或文件，然后单击"删除"。

（5）要修改打包文件设置和安全设置，单击"选项"按钮，如图 3.2.16 所示。

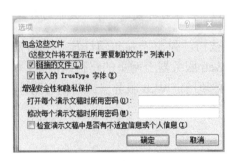

图 3.2.16 选项对话框

用户此时可执行以下的操作后单击"确定"，关闭"选项"对话框：

在"包含这些文件"下，可确定文件的连接和字体。为了确保包中包括与演示文稿相链接的文件，可选中"链接的文件"复选框。与演示文稿相链接的文件可以包括链接有图表、声音文件、电影剪辑及其他内容的 Microsoft Excel 工作表。若要保留 TrueType 字体，则选中"嵌入的 TrueType 字体"复选框。

若想要求其他用户在打开或编辑任何复制演示文稿之前先提供密码，则在"增强安全性和隐私保护"下，键入要求用户在打开和编辑演示文稿时提供的密码。

要检查演示文稿中是否存在隐藏数据和个人信息，可选中"检查演示文稿中是否有不适宜信息或个人信息"复选框。

（6）如果用户要将演示文稿复制到网络或计算机上的本地磁盘驱动器，可单击"复制到文件夹"命令，输入文件夹名称和位置，然后单击"确定"。

（7）如果要将演示文稿复制到 CD，则单击"复制到 CD"命令。

2. 幻灯片发布为网页

用 PowerPoint 还可以把演示文稿发布成网页。具体操作如下：

打开要发布到网站的演示文稿或网页，单击"文件"→"保存并发送"→"发布幻灯片"菜单选项，如图 3.2.17 所示。

图 3.2.17　"保存并发送"中"发布幻灯片"菜单

单击"发布幻灯片"按钮，弹出"发布幻灯片"对话框，如图 3.2.18 所示。选择要发布的幻灯片，再选择 Web 服务器上网页的路径或位置。如果要让演示文稿被访问，则在选择文件的位置时，必须指定 Web 服务器或其他可用计算机。单击"发布"命令。

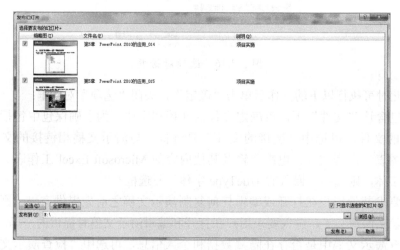

图 3.2.18　发布幻灯片

3.2.8 演示文稿的打印

在 PowerPoint 2010 中，可以创建并打印幻灯片、讲义和备注页。可以在大纲视图打印演示文稿，并且可以使用彩色、黑白或灰度来打印。单击"文件"→"打印"，进入打印设置界面，如图 3.2.19 所示。

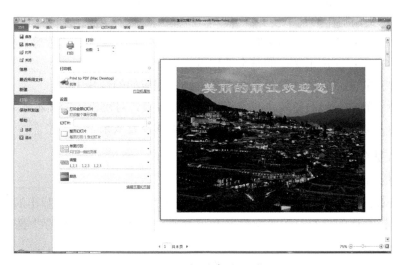

图 3.2.19　幻灯片打印预览设置

在"设置"组下选择合适的打印选项，单击"打印"即可。

若单击"颜色"下拉菜单，可单击选择下列选项之一：

（1）彩色（黑白打印机）：如果在黑白打印机上打印，则此选项将采用灰度打印。

（2）灰度：此选项打印的图像包含介于黑色和白色之间的各种灰色色调。背景填充的打印颜色为白色，从而使文本更加清晰（有时灰度的显示效果与"纯黑白"一样）。

（3）纯黑白：此选项打印不带灰填充色。

若要设置打印版式或打印讲义等选项，则选择"设置"→"整页幻灯片"中合适的设置，如图 3.2.20 所示。

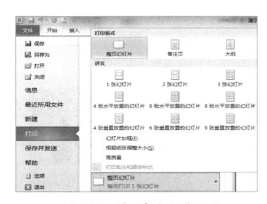

图 3.2.20　讲义打印预览设置

【任务实施】

在本任务中，制作包含 3 张幻灯片的新年贺信，第一张幻灯片为封面，第二张幻灯片为祝福语，第三张幻灯片为封底。制作贺信的过程中，利用设置 PowerPoint 演示文稿动画效果的方法来使贺信生动有趣，传达美好祝福。

注意演示文稿制作的几个步骤：

- 准备素材：主要是准备延时文稿中所需要的图片、文字、影片等文件素材。
- 确定方案：对演示文稿的整个架构进行设计。
- 制作：将文本、图片等对象输入或者插入相应的幻灯片中。
- 动画设置：对封面和封底的落花效果进行设置，对祝福语的文本效果进行美化。
- 幻灯片切换：添加切换幻灯片的动画效果和声音效果。

1. 第 1 张幻灯片的制作

（1）基本设置

启动 PowerPoint 2010 软件，选择"文件"→"保存"命令，在弹出的"另存为"对话框中选择合适的保存位置、文件名和保存类型，然后单击"保存"按钮，完成新建和保存的操作。

右键单击第一张幻灯片，选择"版式"命令，将第 1 张幻灯片的版式设置为"空白"。

右键单击第一张幻灯片，选择"设置背景格式"→"填充"→"图片或纹理填充"→"文件"，在打开的对话框中选择素材文件夹中"背景.jpg"作为背景图片，再单击"插入"→"全部应用"按钮，完成背景设置操作。

单击"插入"→"图像"→"图片"→"插入图片"，选择"横幅.jpg"文件，单击"插入"按钮，将图片插入到幻灯片中间合适的位置。

重复插入图片的操作，将图片文件"福.jpg""梅花.jpg"插入到幻灯片中。

选择"插入"→"文本"→"文本框"→"横排文本框"。在横幅图片的合适位置上绘制横排文本框，并在占位符中录入文本"祝您新春快乐！"。将文本框中文字颜色设置为白色，字体为隶书，字号为 48。

设置完成后的效果如图 3.2.21 所示。

图 3.2.21　设置第 1 张幻灯片的背景和文字

（2）设置落花动画效果

按照之前的方法插入图片"落花 .jpg"在幻灯片上方位置。单击"动画"→"高级动画"→"动画窗格"，打开动画窗格。

选定"落花"图片对象，选择"动画"→"淡出"动画效果。此时，动画窗格中动画效果列表已显示出当前幻灯片已添加图片的淡出动画效果。

选择"动画"→"高级动画"→"添加动画"→"自定义路径"选项命令，如图3.2.22 所示。

图 3.2.22 添加"其他动作路径"

此时，用鼠标在适当的位置绘制出落花的动作路径，绘制过程中可以运用键盘中的【Backspace】键（退格键）撤消当前绘制，绘制完毕后按下【Enter】键（回车键）确认完成路径绘制。调整绘制在幻灯片中的"落花"图形对象的动作路径方向和路径，得到落花的动画效果。可单击"动画窗格"→"播放"预览动画，以得到最佳效果。

此时，"动画窗格"中动画效果列表中出现了两条动画效果记录，第一项为淡出动画效果，第二项为自定义路径动画效果。右击"动画窗格"第二条动画效果（自定义路径动画效果），选择"计时"→"自定义路径"，设置开始项为"与上一动画同时"，期间项为"慢速（3 秒）"，单击"确定"按钮，如图 3.2.23 所示。也可在"动画窗格"中单击该动画效果，然后在"动画"→"计时"组中直接设置动画效果的开始时间、持续时间、延迟时间等，如图 3.2.24 所示。

图 3.2.23 "自定义路径"对话框　　图 3.2.24 直接设置动画效果"计时"选项

插入图片"花瓣.jpg"于幻灯片下方落花处。按照刚刚设置动画的方式选定"花瓣"图形对象，并设置进入动画效果为"淡出"效果，计时设置开始项为"上一动画之后"，期间项设置为"中速（2秒）"，如图 3.2.25 所示。

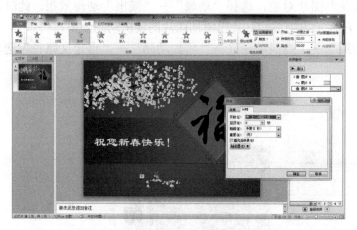

图 3.2.25　设置地面花瓣的动画效果

重复添加落花效果和地面花瓣的动画效果，落花效果的动作路径为自定义路径。若需要进行重复动画效果的设置，可以右击"动画窗格"中的动画效果，进入"计时"菜单项，在弹出的对话框中将重复项录入需要重复的次数。设置动画效果的同时可单击"动画窗格"内的"播放"按钮进行效果预览，调整各动画效果的先后顺序、持续时间、延迟时间等设置，让动画效果更生动逼真。

设置好的效果如图 3.2.26 所示。

图 3.2.26　落花动画效果完成图

（3）设置"福"字动画效果

选定"福"字图形对象，选择"动画"→"轮子"效果。设置"计时"项中，开始项设置为"上一动画之后"，持续时间设置为"02.00"。

添加"福"字图形对象的强调效果，形成"福倒（到）了"的动画场面。选定"福"

字图形对象，单击"添加动画"下拉菜单，选择强调组中的"陀螺旋"效果。右击该强调效果，单击"效果选项"，在数量项目中单击下拉菜单，选择"180°顺时针"。如图 3.2.27 所示。

　　继续添加"福"字图形对象的动作路径。选定"福"字图形对象，在"动画"选项卡"高级动画"组中单击"添加动画"下拉菜单，选择动作路径组中的"转弯"动作路径。如图 3.2.28 所示。适当调整该默认路径的长短位移，使"福"字图形对象最终停留在横幅的末端。

图 3.2.27　"陀螺旋"效果选项设置　　　　图 3.2.28　添加"转弯"动作路径

（4）设置"横幅"切入效果

　　选择"横幅"图形对象，选择进入动画效果中的"切入"效果。在"计时"组中将该动画效果的开始项设置为"上一动画之后"，持续时间设置为"01.00"。右击该动画效果，单击"效果选项"，方向选项设置为"自右方"。

　　第 1 张幻灯片完成后的效果如图 3.2.29 所示。

图 3.2.29　第 1 张幻灯片效果图

2. 第2张幻灯片的制作

（1）插入图片

在幻灯片导航区空白处单击鼠标右键，选择"新建幻灯片"，此时，新建的第2张幻灯片版式与第1张幻灯片的版式相同，为"空白"版式。

单击"插入"→"图像"→"图片"。在弹出的"插入图片"对话框中查找图片路径，选择"幕布.jpg"插入到幻灯片中。选定"幕布"图形对象，单击"图片工具"→"格式"→"图片样式"→"柔化边缘矩形"效果，适当调整图片大小，使其居中。

按照上述方法再插入"福"字图形，调整图片，使其处于第2张幻灯片右上角。

插入两幅图形对象后的效果如图3.2.30所示。

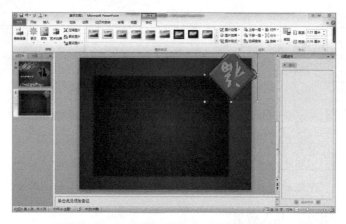

图 3.2.30　插入第 2 张幻灯片中的图形对象

（2）录入文本

在第2张幻灯片中绘制文本框，插入祝福语。

单击"插入"→"文本"→"文本框"→"横排文本框"，此时，鼠标变成"十"字形状。在幻灯片内绘制第一行文本的文本框，并在框内录入祝福语。在"开始"→"字体"组中设置文本的字体、字号、颜色等样式。

运用相同的方法插入余下的祝福语。单击"绘图工具"→"格式"→"排列"→"对齐"命令，调整各行文本的位置，完成后如图3.2.31所示。

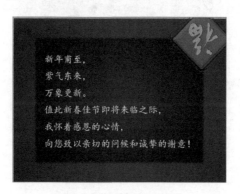

图 3.2.31　插入祝福语

（3）为文本创建动画效果

选择第一行文本框，选择"浮入"动画效果，此时"动画窗格"的动画列表中添加了"TextBox"动画效果记录。右击该动画效果，选择"效果选项"菜单命令，弹出"上浮"动画效果的对话框。在"效果"→"动画文本"项中单击下拉菜单，选择"按字母"选项，如图 3.2.32 所示。

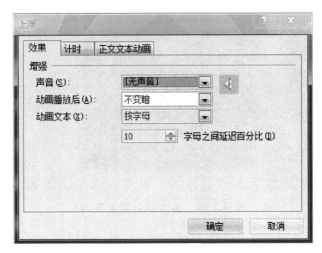

图 3.2.32　设置效果选项

按照上述方法继续设置余下的文本动画效果，第 2 张幻灯片制作完成。
完成后如图 3.2.33 所示。

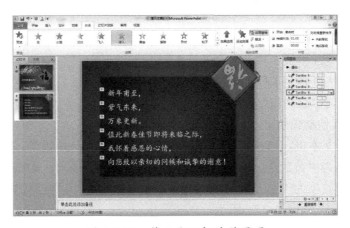

图 3.2.33　第 2 张幻灯片效果图

3. 第 3 张幻灯片的制作

（1）完成素材布局

按照第 2 张幻灯片的插入方法创建第 3 张幻灯片，版式为"空白"。

采用之前讲述的方法，插入图片"梅花 .jpg""横幅 .jpg""福 .jpg"在第 3 张幻灯片中，调整各图形对象的大小和位置。

采用之前讲述的方法在幻灯片下方插入横排文本框，录入文字"恭祝您在新的一年中万事顺意！"，并调整文字的字体、字号和颜色等。

布局如图 3.2.34 所示。

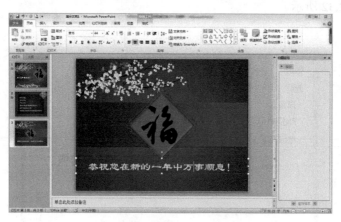

图 3.2.34　第 3 张幻灯片布局

（2）设置落花效果

按照第 1 张幻灯片制作方法设置落花效果。插入图片"落花 .jpg"，选择"动作路径"中的"自定义动作"路径，然后绘制出落花的动画路径，单击【Enter】键，完成了一条落花的动画效果。重复操作，添加多条落花动画效果。

右击"动画窗格"列表中的落花动画效果，选择"计时"菜单选项。在弹出的对话框中，进行如下设置：

开始项设置为"与上一动画同时"；

期间项设置为 3 秒至 5 秒不等；

延迟项设置为 0 秒至 1 秒不等；

重复项设置为"直到幻灯片末尾"。

（3）添加其他动画效果。

选定祝福语文本框，选择"强调"中的"字体颜色"动画效果。在"效果选项"中设置字体颜色为"黄色"，动画文本设置为"按字母"选项，如图 3.2.35 所示。在计时项中设置开始项为"与上一动画同时"，重复项设置为"直到幻灯片末尾"，持续时间设置为 4 秒，如图 3.2.36 所示。

图 3.2.35　"字体颜色"效果选项　　图 3.2.36　"字体颜色"计时设置

　　选定"福"字图形对象，选择"进入"中的"旋转"动画效果。在计时项中设置开始项为"与上一动画同时"，重复项设置为"直到幻灯片末尾"，持续时间设置为10 秒。

　　第 3 张幻灯片完成后的效果如图 3.2.37 所示。

图 3.2.37　第 3 张幻灯片效果图

4. 设置幻灯片切换的动画效果和声音效果

　　选择"切换"→"切换到此幻灯片"→"淡出"切换效果，并单击该选项卡"计时"组中"全部应用"命令按钮。

　　在"切换"选项卡"计时"组的"声音"项中，单击下拉菜单中的"风铃"选项，设置切换幻灯片的声音。再在该组内"持续时间"项中，将时间设置为 1.5 秒，单击"全部应用"，如图 3.2.38 所示。

图 3.2.38　设置切换幻灯片效果和声音

　　单击"插入"→"音频"→"文件中的音频"，在指定位置添加音频文件，单击"确定"。幻灯片出现一个小喇叭图标，用于音频文件的播放，如图 3.2.39 所示。选定该图标，可在下方出现的控制栏中播放音频文件，并调整声音大小等。

图 3.2.39　插入音频文件

【能力拓展】

1. 对任务 3.1 节中【能力拓展】的第 1 题和第 2 题进行如下操作。

要求：

（1）添加动画效果；

（2）对每张幻灯片设置跳转或超链接；

（3）压缩幻灯片；

（4）将幻灯片打包。

2. 制作一个以圣诞节为主题的贺卡。

要求：

（1）以圣诞老人为贺卡背景；

（2）添加雪花飘动的动画效果；

（3）添加背景音乐；

（4）压缩幻灯片；

（5）将幻灯片打包。

3. 重阳节是我国的传统节日，请用 PowerPoint 为你的长辈（如爷爷奶奶等）制作一张问候的贺卡。将制作完成的演示文稿以"重阳节贺卡 .pptx"为文件名保存。

要求：

（1）标题及正文的文字内容自定，标题文字格式要求醒目；

（2）图片内容：能反映重阳节和祝福内容的图片；

（3）添加超链接，幻灯片可以反方向播放；

（4）为所有幻灯片插入编号和页脚，页脚内容为"重阳节"；

（5）各对象的动画效果自定，播放时延时 1 秒自动出现；

（6）将所有幻灯片的切换效果设计为"推进"。

参考文献

[1] 邓荣，李时珍 .Office 2007 高级应用教程 [M]. 成都：成都电子科技大学出版社，2009.

[2] 李建华等 . 计算机文化基础 [M]. 北京：高等教育出版社，2014.